乡村振兴战略之乡村人才振兴
互联网·农民培训精品教材

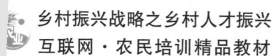

新版

农村互联网应用

张　博　于步亮　秦关召　主编

U0323353

中国农业科学技术出版社

图书在版编目（CIP）数据

农村互联网应用／张博，于步亮，秦关召主编．—北京：中国农业
科学技术出版社，2019.5

ISBN 978-7-5116-4161-8

Ⅰ.①农…　Ⅱ.①张…②于…③秦…　Ⅲ.①农村-互联网络-应用-
基本知识　Ⅳ.①TP393.4

中国版本图书馆 CIP 数据核字（2019）第 078327 号

责任编辑	白姗姗	
责任校对	贾海霞	

出　版　者	中国农业科学技术出版社
	北京市中关村南大街 12 号　邮编：100081
电　　　话	(010)82106638(编辑室)　　(010)82109702(发行部)
	(010)82109709(读者服务部)
传　　　真	(010)82106650
网　　　址	http://www.castp.cn
经　销　者	各地新华书店
印　刷　者	北京富泰印刷有限责任公司
开　　　本	850mm×1 168mm　1/32
印　　　张	6
字　　　数	156 千字
版　　　次	2019 年 5 月第 1 版　2019 年 5 月第 1 次印刷
定　　　价	39.90 元

前　言

　　随着智能手机的普及，移动互联网应用已经成为农民生活、生产中必不可少的组成部分。重视和加强农村互联网应用发展，不仅能有效地缩小城乡"数字鸿沟"、消除城乡之间的信息壁垒等诸多矛盾，同时也是以数字化助推乡村振兴的重要抓手。

　　本书围绕农民培训，以满足农民朋友生产中的需求。书中语言通俗易懂，技术深入浅出，实用性强，适合广大农民、基层农技人员学习参考。

编　者

2019 年 2 月

目　　录

第一章　互联网概述 ·························· （1）

　第一节　什么是互联网 ···················· （1）

　第二节　互联网的基本操作 ················ （3）

　第三节　农业信息化 ······················ （13）

第二章　互联网接入操作技术 ················ （16）

　第一节　手机上网设置 ···················· （16）

　第二节　认识浏览器 ······················ （21）

　第三节　如何安装、卸载 App ·············· （37）

第三章　互联网在生活中的应用 ·············· （43）

　第一节　获取信息 ························ （43）

　第二节　QQ 的使用方法 ·················· （50）

　第三节　微　信 ·························· （54）

　第四节　公众号的建立与日常维护 ·········· （59）

　第五节　微信小程序的妙用 ················ （69）

　第六节　博　客 ·························· （72）

　第七节　免费的电子邮箱 ·················· （90）

　第八节　在线购物 ························ （97）

　第九节　电子支付 ························ （109）

　第十节　挂号、交水、电、煤气费 ·········· （111）

　第十一节　气象平台 ······················ （114）

　第十二节　法律实用工具 ·················· （114）

第四章 互联网在农业生产中的应用 …………………（118）

第一节 互联网培育生产服务新功能 …………………（118）

第二节 互联网大数据实现农业精准生产 …………（120）

第三节 农村电商激活产业经济新生态 …………（121）

第四节 应用农业物联网 ……………………………（123）

第五章 农产品电子商务与网络营销 ……………（130）

第一节 电子商务进农村 ……………………………（130）

第二节 网上开店 ……………………………………（136）

第三节 网络营销 ……………………………………（159）

第六章 互联网的信息安全 ………………………（165）

第一节 信息网络的安全问题 ………………………（165）

第二节 信息网络的防范措施 ………………………（170）

第三节 互联网安全工具 ……………………………（179）

主要参考文献 ………………………………………（183）

第一章　互联网概述

第一节　什么是互联网

一、因特网

在如今的日常生活中，因特网这个词已经频繁出现在我们的交流中，因特网是不是就是我们常看到的 Internet 呢？

实际上 Internet 表示的意思是互联网，又称网际网路，根据音译也被叫做因特网、英特网，是网络与网络之间所串连成的庞大网络，这些网络以一组通用的协议相连，形成逻辑上的单一且巨大的全球化网络，在这个网络中有交换机、路由器等网络设备、各种不同的连接链路、种类繁多的服务器和数不尽的计算机、终端。使用互联网可以将信息瞬间发送到千里之外的人手中，它是信息社会的基础。

二、万维网

WWW 是环球信息网的缩写，亦作"Web""WWW""W3"，英文全称为"World Wide Web"，中文名字为"万维网""环球网"等。

常简称为 Web。分为 Web 客户端和 Web 服务器程序。WWW 可以让 Web 客户端（常用浏览器）访问浏览 Web 服务器上的页面。

万维网是无数个网络站点和网页的集合，它们在一起构成了因特网最主要的部分（因特网也包括电子邮件、Usenet 以及新闻组）。它实际上是多媒体的集合，是由超级链接连接而成的。我们通常通过网络浏览器上网观看的，就是万维网的内容。

三、中国互联网的现状

中国互联网已经形成规模，互联网应用走向多元化。互联网越来越深刻地改变着人们的学习、工作以及生活方式，甚至影响着整个社会进程。截至 2018 年 6 月，中国网民规模达 8.02 亿，普及率为 57.7%；2018 年上半年新增网民 2 968 万人，较 2017 年年末增长 3.8%；中国手机网民规模达 7.88 亿，网民通过手机接入互联网的比例高达 98.3%。截至 2018 年 6 月，中国农村网民占比为 26.3%，规模为 2.11 亿，较 2017 年年末增加 1.0%；城镇网民占比 73.7%，规模为 5.91 亿，较 2017 年年末增加 4.9%。截至 2018 年 6 月，中国网民使用手机上网的比例达 98.3%，较 2017 年末提升了 0.8 个百分点；使用台式电脑、笔记本电脑上网的比例分别为 48.9%、34.5%，较 2017 年分别下降 4.1、1.3 个百分点；网民使用电视上网的比例达 29.7%，较 2017 年年末提升了 1.5 个百分点。

网络经济得到快速增长。截至 2018 年 1 月，网络经济指数高达 362.1，对经济发展新动能指数的贡献为 34.5%，发展最快，贡献最大。数据显示，2017 年，移动互联网接入流量高达 245.9 亿 GB，是 2014 年的 12 倍。移动互联网用户数达到 12.7 亿户，比上年增长 16.2%。而随着移动智能设备的普及以及零售企业网络化智慧化运营的推进，线上消费对线下消费的替代作用不断增强。2017 年，我国电子商务平台交易额达到 29.2 万亿元，增长 11.7%。网络消费持续保持较快增长，2017 年全国网上零售额增长 32.2%，比全社会消费品零售总额增速高 22.0 个百分点。

第二节　互联网的基本操作

一、网络论坛

传送信息是网络论坛（BBS）最基本的功能之一，BBS 用户通过在站点上读贴、发帖来互相交流信息。

二、即时通信

即时通信是通过即时通讯技术来实现在线聊天、交流。即时通信软件典型的代表有微信、QQ、百度 HI、Skype、Gtalk、新浪 UC、MSN 等。

三、网络日志

Blog 是 web log 的缩写，意为"网络日志"，一般把互联网上写 blog 的人成为"博客"。

四、电子邮件

电子邮件（E-mail）是利用计算机网络进行信息传输的一种现代化通信方式。只要用户链入（enternte），就可以给全球任何地方拥有电子邮箱的人，附件则可以使经过计算机处理过的声音、图像、照片等多种文件格式，而且在几秒钟或几分钟内，漂亮的照片、诚挚的问候、熟悉的声音就会到达亲友的电子邮箱中。

五、远程登录

远程登录时用户可以通过一台计算机（称为本地机）登录到另一台连在因特网上的计算机（称为远程主机），操纵远程主机，使用其中的资源。

六、网络新闻

网络新闻业务，其诞生之初，是传统新闻业务的一种延伸，但是，经过近十年的发展，它在不断吸取传统新闻业务养分的同时，也在逐渐形成自己的崭新面貌，有些甚至是革命性的，并有可能对整个媒体的新闻业务发展产生影响。

七、搜索引擎

搜索引擎分类部分提到过全文搜索引擎从网站提取信息建立网页数据库的概念。搜索引擎的自动信息搜集功能分两种。一种是定期搜索，即每隔一段时间（如 Google 一般是 28 天），搜索引擎主动派出"蜘蛛"程序，对一定 IP 地址范围内的互联网网站进行检索，一旦发现新的网站，它会自动提取网站的信息和网址加入自己的数据库。另一种是提交网站搜索，即网站拥有者主动向搜索引擎提交网址，它在一定时间内（2 天到数月不等）定向向你的网站派出"蜘蛛"程序，扫描你的网站并将有关信息存入数据库，以备用户查询。随着搜索引擎索引规则发生很大变化，主动提交网址并不保证你的网站能进入搜索引擎数据库，最好的办法是多获得一些外部链接，让搜索引擎有更多机会找到你并自动将你的网站收录。

当用户以关键词查找信息时，搜索引擎会在数据库中进行搜寻，如果找到与用户要求内容相符的网站，便采用特殊的算法——通常根据网页中关键词的匹配程度、出现的位置、频次、链接质量——计算出各网页的相关度及排名等级，然后根据关联度高低，按顺序将这些网页链接返回给用户。这种引擎的特点是搜全率比较高。

八、"互联网+"

国家发展和改革委员会对"互联网+"的解释是："互联网

+"代表一种新的经济形态，即充分发挥互联网在生产要素配置中的优化和集成作用，将互联网的创新成果深度融合于经济社会各领域之中，提高实体经济的创新力和生产力，形成更广泛的以互联网为基础设施和实现工具的经济发展新形态。

阿里研究院在其"互联网+"研究报告中指出："互联网+"是以互联网为主的一整套信息技术（包括移动互联网、云计算、大数据技术等）在经济、社会、生活各部门的扩散、应用过程。互联网作为一种通用技术，和100年前的电力技术、200年前的蒸汽机技术一样，将对人类经济社会产生巨大、深远而广泛的影响。"互联网+"的前提是互联网作为一种基础设施的广泛安装。2015年是互联网进入中国21周年，中国迄今已经有6.5亿网民，5亿智能手机用户，通信网络的进步，互联网、智能手机、智能芯片在企业、人群和物体中的广泛安装，为下一阶段的"互联网+"奠定了坚实的基础。"互联网+"的本质是传统产业的在线化、数据化。网络零售、在线批发、跨境电商、快的打车、淘点点所做的工作都在努力实现交易的在线化。"互联网+"的内涵与传统意义上的"信息化"有根本区别，或者说互联网重新定义了信息化。我们之前把信息化定义为ICT技术不断应用深化的过程。但假如ICT技术的普及、应用没有释放出信息和数据的流动性，未曾促进信息和数据在跨组织、跨地域的广泛分享使用，那么就会出现"IT黑洞"陷阱，信息化效益将难以体现。在互联网时代，信息化正在回归"信息为核心"这个本质。互联网是迄今为止人类所看到的信息处理成本最低的基础设施。互联网天然具备的全球开放、平等、透明等特性使得信息/数据在工业社会中被压抑的巨大潜力暴发出来，转化成巨大的生产力，并进一步成为社会财富增长的新源泉。

（一）"互联网+"为农业可持续发展提供新思路

随着互联网的飞速发展，我国的农业信息技术无论在信息传播硬件建设方面，还是在农业信息平台和资源建设方面都取得了较大进展，为实现农业的可持续发展发挥了重要作用。据统计，截至 2010 年年底，我国拥有的涉农网站已达 20 000 多个。另外，国家"863"计划开展了"智能化农业信息技术应用示范工程""农业物联网和食品质量安全控制体系研究"等重要研究，还开展了"网络农业""精细农业""虚拟农业"等的探索研究。在美国、荷兰等发达国家，信息技术在农业上的应用主要包括农业生产经营管理、农业信息获取及处理、农业专家系统、农业系统模拟、农业决策支持系统、农业计算机网络、农业物联网等。随着农业农村部对农业物联网的重视程度越来越高，各地区也纷纷建立了农业物联网应用示范工程和农业物联网区域试验工程，积极引导和推动科研教学单位和相关企业投身农业物联网的技术研发和应用示范，农业物联网在大田作物、设施园艺、畜禽水产、资源环境监测、农产品质量安全监管等行业和领域呈现蓬勃发展的态势。我国的农业也正朝着信息化、智能化方向转型。

（二）"互联网+"给农产品安全提供新保障

物联网是以互联网为基础，同时通过智能感知、识别技术与普适计算等通信感知技术将物品与互联网连接起来，进行信息交换和通信，以实现智能化识别、定位、跟踪、监控和管理等功能。在美国，80% 的大农场已普及农业物联网技术，农场主通过高度自动化的大型农业机械设施，3 个人可完成 1 万英亩的土地管理和玉米收割，效率远远超越人力。借助物联网对作物环境的调节作用，能让粮食蔬菜在质和量上都有所提升，不光高产，而且高质。通过互联网创造透明的供应链体系，从食品领域延伸出来的可追溯系统，是解决食品安全和食品信誉问题的有效工具。通过食品附带的二维码，消费者就可以在手机扫描后看到这个产品的追溯信息，哪里耕种、何时采摘、谁来采摘、包装日期等一应俱全。用互联网技术实现生产过程的全程追溯，再加上质检等权威机构的合作，就可以多方协同创造出真正的透明供应链，让消费者吃得放心。

（三）"互联网+"给农产品销售带来新突破

互联网的发展催生了电子商务，而电子商务可以拉近生产者和消费者之间的距离，使农产品不再因为地域原因而滞销。除此之外，电子商务平台可以让生产者的产品直接送达消费者，省去了中间的经销渠道，也使得产品的价格大幅度降低。互联网渠道从根本上改变了生产和销售的关系，更重要的是，营销成本极低，如微博、微信、QQ 及 SNS 等都是免费的资源。任何行业都能够通过互联网直接和消费者建立关系，并以此推销产品。

（四）互联网为农产品品牌树立带来新可能

互联网让品牌的树立变得更加简单，同时也让产品的推广速度更快，能使好的产品有好的口碑，让好的产品有好的销路，让好的产品有更好的认可度。"决不"食品安全工程发起人王义昌说："决不食品标志，作为'互联网+'农业、'移动互联网+'农业的开拓者和实现工具，不仅要让农产品更酷、更有附加值、卖得更好，更要通过支持消费者直接监督来实现关键的食品安全!"只要用智能手机扫描相应的"决不食品"标志上的二维码，就能立即打开一个页面，关于产品生产的详细信息就会显示出来，甚至可以观看到作物种植的现场环境，这样就会让消费者买得更放心。"三只松鼠"作为一个互联网坚果零食的品牌，成立仅1年，营业额就达到3亿元，仅2013年的"双十一"就销售3 562万元，是互联网造就了这个奇迹。

（五）"互联网+"为农村创业带来新契机

由互联网技术带动的农业升级、农民生活改善，正在为越来越多年轻人打开创业的新空间。大数据的应用，让农场的管理更像一家工厂。互联网+农业，打开的不仅仅是这些城里娃的想象空间，越来越多的农二代也纷纷选择告别城市留在家乡创业。互联网的普及已成为农村发展的最大契机。

（六）走进智慧农业

所谓"智慧农业"就是充分应用现代信息技术成果，集成应用计算机与网络技术、物联网技术、音视频技术、3S 技术、无线通信技术及专家智慧与知识，实现农业可视化远程诊断、远程控制、灾变预警等智能管理。

"智慧农业"是农业生产的高级阶段，是集新兴的互联网、移动互联网、云计算和物联网技术为一体，依托部署在农业生产现场的各种传感节点（环境温/湿度、土壤水分、二氧化碳、图像等传感器）和无线通信网络实现农业生产环境的智能感知、智能预警、智能决策、智能分析、专家在线指导，为农业生产提供精准化种植、可视化管理、智能化决策。

"智慧农业"广泛应用于农业生产环境监控和食品安全、智能农业大棚、农机定位、仓储管理、食品溯源等方面。例如，物联网技术贯穿生产、加工、流通、消费各环节，实现全过程严格控制，使用户可以迅速了解食品的生产环境和过程，为食品供应链提供完全透明的展现，保证向社会提供优质的放心食品，增强用户对食品安全程度的信心，并且保障合法经营者的利益，提升可溯源农产品的品牌效应。

"智慧农业"能够显著提高农业生产经营效率，还能够彻底转变农业生产者和消费者的观念及农业组织体系结构。专家系统和信息化终端成为农业生产者的大脑，指导农业生产经营，改变了单纯依靠经验进行农业生产经营的模式。另外，"智慧农业"将迫使小农生产被市场淘汰，并催生出以大规模农业协会为主体的农业组织体系。在许多国家，发展"智慧农业"已成为一种共识。目前"智慧农业"技术在美国中西部地区和西欧应用最为广泛。

2015 年年初，中央一号文件再次锁定"三农"，把农业现代化作为"三农"工作的重要着力点，提出要"强化农业科技创新驱动作用"，在"智能农业"领域取得突破。在福建省，以移动信息化为主的物联网设施农业就呈现了良好的发展态势。

2013年，借势物联网暖风，中国移动福建公司与当地农业部门、企业合作，在大棚菌类培养、花卉栽培、茶叶种植等福建特色农业领域，因地制宜开发出多样化的农业传感网系统，"靠天农业"也由此实现了向现代农业的智慧转型。日前，中国移动福建公司与漳州市农业局联手打造的"农业无线传感网系统"，已成为漳州南靖杏鲍菇种植大户们的"种植能手"，由传感器上传的信息为农业局数据库提供了基础参数，这些信息交由农业专家总结、分析，并最终反馈给种植户，从而帮助更多农户进行标准化、规范化生产。

（七）智慧大田种植

农业物联网技术在农业生产方面的具体应用十分广泛，在什么时候施肥、要施多少肥料、选用哪种肥料更合适，以及播种、灌溉、施肥、除草、防治病虫害、收获等农业环节的确定，都可依靠农业物联网技术实现，不劳累而且精确度高。

农业大田种植是遥感技术的最大应用户。我国是农业大国，提高农业管理水平、合理利用资源及确保粮食安全生产均需要遥感技术为政府决策部门提供准确信息。遥感技术可应用于农作物实际播种面积的遥感监测与估算、农作物的长势与产量的遥感监测与估算等方面。

物联网技术提高了水稻育秧的秧田管理水平，有利于培育壮苗，为取得水稻高产打下了基础。农户通过智能手机终端就可以远程实时控制大棚卷通风及微喷浇水，不但节约了水资源，减少了由于大量排水造成的养肥浪费，而且保护了农业生态环境，实现了水稻灌溉的精量化和科学化，有利于农业的可持续发展，对现代化大农业发展具有较强的示范和引领作用。

物联网技术提高了农户指导服务的针对性和实效性，实现了远程专家诊断服务。农户可以远程与专家进行视频互动交流。

同时，可以通过互联网，及时发布病虫草害发生趋势及防控措施等信息，提高病虫害防治的针对性和时效性，为农业生产筑起了一道抵御自然灾害和风险的屏障。

（八）智慧畜禽养殖

民以食为天，食以安为先。RFID、条形码等物联网感知技术在追溯体系起着重要和不可替代的作用。智慧畜牧以管理规范和先进技术为复合手段，全程改造健康养殖、安全屠宰、放心流通和绿色消费四个基础作业环节，集成体现科学调控、集约管理思想的企业经营管理与市场保供决策支持系统，提供政企联动可追溯的示范模式。

（九）智慧水产养殖

水产养殖业是一项有特色、有活力、有潜力的基础产业，必须充分利用互联网信息技术促进我国水产养殖业从粗放型经营向集约型经营、智能化经营的转变。

随着水产养殖规模的迅猛发展，水产养殖模式必然向设施化、集约化转变。大规模、高密度的集约化养殖使得管理、控制的难度增大，必须采用现代信息技术手段来提高集约化水产养殖的水平。通过采用信息融合及处理、智能控制、质量安全追溯等技术进行整合，构建水产养殖全程智能控制平台，实现养殖生态、病害防治、精细饲喂、质量安全追溯等信息发布，提高疾病预防水平，减少养殖风险，降低养殖能耗。

（十）智慧农产品物流

与传统工业产品物流相比，农产品物流有四个显著特点。第一，农产品易腐，商品寿命期短，保鲜困难，要求物流速度快；第二，农产品单位价值较小，数量和品种较多，物流成本相对较高；第三，农产品品质具有差异性，对产品分类技术标准有不同要求，因而，农产品物流一般都存在对农产品进行初步分拣、加工和包装等环节；第四，农产品实物损耗多，价格波动幅度大，对物流储存设施有比较高的要求。

发展农产品现代物流，可以降低农业生产和农产品流通过程中的物流成本，提高农产品流通速度，减少农产品在运输过程中的损耗，降低和杜绝农产品公共安全事件的出现，稳定增加农民收入，有效调控农产品市场价格，保障城市居民"菜篮子"正常供应。目前发展农产品现代物流的重要举措是创新农产品物流的运行模式，进一步加强现代农产品物流的信息体系建设，推进产销衔接，减少流通环节，降低流通成本。

在智慧物流呼声愈来愈强，物流行业信息化不断加快的今天，物流行业正加快应用智慧物流理念，为各行业的快速发展起到带动和铺垫作用而发力。目前在成都、佛山已有基于智慧物流理念的物流信息平台先后建成，发展农产品现代物流的大环境已经诞生。

山东寿光是著名的"蔬菜之乡"，是全国最大的蔬菜供应基地，其交通运输通畅水平直接影响着全国特别是北京等大中城市的蔬菜供应。寿光市交通指挥中心由寿光物流网、CTI多媒体呼叫中心、GPS卫星定位系统组成，山东移动为交通物流公共信息平台提供了包括互联网专线、语音专线、车务通及"移动400"等技术支撑。指挥中心通过该平台能够把寿光市的多家物流企业、700多家配货站、300多辆出租车、200多辆城乡公交车、10 000多辆货运车整合到平台上，为车辆提供定位、监控、调度等多种服务。寿光市交通物流公共信息平台"车务通"可监控车辆的运行轨迹、运行速度、乘员情况、所在位置、车辆运行间隔距离等运行状态，能够快速查找、调度目标地点周边车辆，还有具备失物查找、超速报警、车辆遇险报案等功能，大大提高了车辆的运行效率和安全性。

（十一）农产品全产业链可追溯

在农产品的质量安全问题上，互联网也体现出了它的强大作用，农产品质量安全监测与可追溯体系正是将互联网信息技术运用到农业上的具体体现，为保障农产品的绿色安全提供了现代化的信息技术支撑。实施农产品可追溯成为农产品国际贸易发展的趋势之一。在国际上，美国、欧盟等发达国家和地区要求出口到当地的部分食品必须具备可追溯性。近年来，农业部作为主管部门，一直在采取各种方式、各种途径推进农产品质量追溯体系建设。

在"从农田到餐桌"的农产品安全全程监管体系中，第一个环节就是种养殖环节的监测，做好第一步，可以实现从源头保证农产品的质量安全。环境监测指标一般针对土壤、空气和水源，其中土壤中影响农产品质量安全的主要是施用的农药、化肥造成的重金属污染，空气温/湿度的监测可以保证农产品生长条件、改善农产品品质。随着各级政府对农产品质量安全问题的行政监督管理的开展，一方面行政执法、质量安全监测依赖于传统技术（专业监测设备），另一面迫切需要信息化平台的支持，实现"生产—市场—消费"一站式的现代数字化监控。

肉类、蔬菜流通追溯体系建设是商务部的"一号工程"，是为解决肉类、蔬菜流通来源追溯难、去向查证难等问题，进一步提高肉菜流通的组织化、信息化水平，增强我国肉类、蔬菜质量安全和供应保障能力而在全国开展的试点工程，目前已经分5批将近60个城市作为试点城市展开建设工程。消费者可凭小票的追溯码，通过网络、电话、手机和查询机等多种方式，依次查找到肉菜的零售商、批发商、屠宰企业、肉菜来源地等信息；肉菜食品安全问题发生时，监管部门可以通过市级管理平台，在第一时间锁定源头、追踪流向、依法处置，实现"来源可追溯、去向可查证、责任可追究"的目标。

第三节 农业信息化

一、信息化的概述

（一）信息化的提出

农业是国民经济的基础，农业信息化是国家信息化的重要内容，对农业人口占总人口65%的中国来讲，更是如此。通过改革开放30多年的发展，我国农业在基本解决温饱的同时，农业效益下滑，农民增收乏力，农村剩余劳动力转移受阻，农业生态环境恶化等许多问题已有不断激化的趋势。这充分表明，传统农业发展模式已无法实现或者说延缓了中国的农业现代化，农业信息化已成为促进农业现代化发展的重要契机。

"信息化"是日本学者最早于20世纪60年代末基于对社会经济结构演进的认识角度提出来的。"信息化"是一个发展中的概念，即充分利用信息技术，开发利用信息资源，促进信息交流和知识共享，提高经济增长质量，推动经济社会发展转型的历史进程。

（二）信息化的概念

农业信息化是指充分利用计算机技术、网络通信技术、数据库技术、多媒体技术、物联网技术等现代信息技术，全面实现各类农业信息及其相关知识的获取、处理、传播与合理利用，加速传统农业改造，大幅度提高农业生产效率和科学管理水平，促进农业和农村经济持续、稳定、高效发展的过程。

党的十八大提出"促进工业化、信息化、城镇化、农业现代化同步发展"的战略部署，充分体现了党和国家对以信息化支撑工业化、城镇化和农业现代化发展的高瞻远瞩。经济全球化的现实表明，信息化已经成为世界各国推动经济社会发展的重要手段，已经成为资源配置的有效途径，信息化水平已经成为衡量一个国家现代化水平的重要标志。"四化同步"的发展战略，为全国上下加快推进农业信息化指明了方向，明确了目标和任务。深入贯彻落实党的十八大精神必须加快推进农业信息化。

"四化同步"的本质是"四化"互动，是一个整体系统。就"四化"的关系来讲，工业化创造供给，城镇化创造需求，工业化、城镇化带动和装备农业现代化，农业现代化为工业化、城镇化提供支撑和保障，而信息化推进其他"三化"。因此，促进"四化"在互动中实现同步，在互动中实现协调，才能实现社会生产力的跨越式发展。

二、信息化在新农村建设中的作用

信息产业在推进社会主义新农村建设中具有重要的作用。信息技术科技含量高、发展速度快、渗透力和带动力强，信息产业及信息市场化在促进农业生产经营、农村社会事业发展、提高农民整体素质、缩小和消除"数字鸿沟"等方面，都具有十分重要的作用。

农村经济社会的发展也为信息产业开辟了具有较大潜力的市场空间。信息化不仅是解决"三农"问题的手段和条件，是新农村建设的重要内容，同时也为信息产业拓展了市场空间。随着国家建设社会主义新农村的各项政策出台，农村地区的生产生活条件，农民的收入水平，农民的精神面貌都发生了很大的变化，农村和广大农民对信息技术、网络和产品的需求将变得日益旺盛，使得信息产业在面向"三农"的众多领域都大有用武之地。

（一）信息化在农业生产上的作用

用于农业生产预测，辅助农民合理安排生产，减少盲目性，降低风险；用于指导农业生产，加快农业科技成果的转化，提高产量；用于农产品销售，增进农业小生产与大市场的对接。

（二）信息化在农村管理上的作用

镇村务管理信息系统

市场信息系统

农村政策法规查询系统

病虫害预测与防治系统

农村科技信息系统

（三）信息化在农村学习上的作用

实现远程教育，缓解农村师资缺乏、教育质量不高的局面；对农民进行职业技能培训。

（四）信息化在农村环境建设和保护上的作用

通过对耕地、水资源和生态环境、气象环境等方面的动态监控和信息收集，使政府有关部门能够及时采取有关政策措施，指导和调控有关企业和农民有效地利用和保护资源、环境。

第二章 互联网接入操作技术

第一节 手机上网设置

一、手机数据上网

找到手机屏幕上的"设置"按钮，如图2-1所示；在手机的设置界面，点击"双卡和网络"，如图2-2所示。

图2-1 手机屏幕上的"设置"按钮

图 2-2 进入到手机的设置界面

在"双卡和网络"对话框下，点击"主卡/上网卡"，见图 2-3；点击"卡 2 中国移动"，见图 2-4。

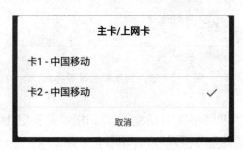

图2-3 "双卡和网络" 栏目

图2-4 点击 "卡2中国移动"

二、WiFi 连接

找到手机屏幕上的"设置"按钮，然后选择 WLAN 选项，见图 2-5。

图 2-5　"设置"界面

在出现的对话框中，打开手机的 WLAN，然后选择要连接的无线网名称见图 2-6。

在"密码"对话框中，输入连接到无线网络的密码，然后
点击"连接"，如图 2-7 所示。

图 2-6　选择要连接的无线网名称

图 2-7 "密码" 对话框

第二节 认识浏览器

一、浏览器简介与多种浏览器对比

浏览器本身是一个应用软件，它能够把从 Internet 上找到的各种信息翻译成包含文本、图形、音频和视频的网页，以更直观、更生动的形式展现给用户。也就是说，浏览器其实相当于一个编译器，能够把网络上使用各种程序语言编写的

HTML 文档转换成更为直观的多媒体文件，以供用户浏览和下载。

在浏览网络信息时，有各种各样的浏览器可供选择，每种浏览器都有自己的特色功能。下面介绍几款常用的浏览器。

（一）微软 Internet Explorer

Internet Explorer（简称 IE）是由微软公司基于 Mosaic 开发的网络浏览器，IE 是计算机网络应用时必备的重要工具软件之一，在 Internet 应用领域甚至是必不可少的。Internet Explorer 内置了一些应用程序，具有浏览、发信、下载软件等多种网络功能，有了它，使用者基本就可以在网上任意驰骋了。

（二）Green Browser

Green Browser 最新版本 3.9，是一个基于 IE 的多窗口浏览器，并且拥有更多更好的其他特性，如热键、搜集器、鼠标手势、鼠标拖曳、弹出窗口过滤、搜索引擎、网页背景色设置、工具条皮肤、代理服务器、自动滚动、自动保存、自动填表、启动模式等。

（三）傲游

傲游（Maxthon）原名 MyIE2，是一个高度可定制的强大 Web 浏览器，它是一款基于 IE 内核的、多功能、个性化多页面浏览器，允许在同一窗口内打开任意多个页面，减少浏览器对系统资源的占用率，提高网上冲浪的效率。同时它又能有效防止恶意插件，阻止各种弹出式、浮动式广告，加强网上浏览的安全。Maxthon Browser 支持各种外挂工具及 IE 插件，使用户在 Maxthon Browser 中可以充分利用所有的网上资源，享受上网冲浪的乐趣。

（四）Mozilla Firefox（火狐）

Firefox 浏览器是开源基金组织 Mozilla 研发的产品，它是一款自由的、开放源码的浏览器，适用于 Windows、Linux 和

MacOS X 平台。该浏览器不使用 IE 核心，占用资源较少，运行稳定。除此之外，该浏览器还提供了其他的高级功能，如标签式浏览、禁止弹出式窗口、自定义工具栏、集成搜索功能等。由于该浏览器公开源代码，因此获得了众多软件开发人员的无偿支持，使其迅速获得成功，越来越多的人开始选择使用 Firefox 浏览器。

（五）MSN Explorer

微软的 MSN Explorer 有着全新的界面，它整合了电子邮件、通信软件、声音与影像，支持多用户。MSN Explorer 不仅仅是一个浏览器，它还集成了许多网络操作。当用户登录以后，可以知道好友是否在线、在信箱中有多少封邮件、当地的天气情况、当地的新闻等，而其个性化设置将把软件与网络服务的界限完全模糊化，为用户提供一个轻松、易用的网络操作环境。

（六）腾讯 TT

腾讯 TT 是一款多页面浏览器，具有亲切、友好的用户界面，提供多种皮肤供用户根据个人喜好使用。另外，TT 更是新增了多项人性化的特色功能，使上网冲浪变得更加轻松自如、省时省力。

（七）Opera

Opera 是一个出色而小巧的浏览器，支持 frames，方便的缩放功能，多窗口，可定制用户界面，高级多媒体特性，标准和增强 HTML 等。对于较慢的 PC 机，它是个快速的浏览器。新版本修改了上一版本的一些 bug，加强了对 Java 新版本的支持。提供了更大稳定性和一些改善的更新，增加了电子邮件的收发功能，转用书签的概念（同时处理原来的收藏夹加上电子邮件和联系栏部分），对 Cookie 的处理功能加强。

二、Internet Explorer 概述

浏览器本身是一个应用软件，它能够把从 Internet 上找到的

各种信息翻译成包含文本、图形、音频和视频的网页，以更直观、更生动的形式展现给用户。也就是说，浏览器其实相当于一个编译器，能够把网络上使用各种程序语言编写的 HTML 文档转换成更为直观的多媒体文件，以供用户浏览和下载。

（一）Internet Explorer 的界面

目前，比较流行的浏览器主要是微软（Microsoft）公司的 Internet Explorer 11.0（简称 IE）。打开 IE 浏览器，在地址栏输入 "http：www. sina. com/"，单击"转到"按钮，就可以打开"新浪"的主页，其界面如图 2-8 所示。

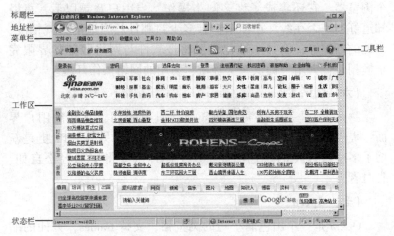

图 2-8 IE 浏览器的主界面

工具栏：包括 Internet Explorer 最常用的浏览、搜索、显示、收藏等。

地址栏：位于工具栏的下面。显示正在浏览文档的地址。它既可以是 Internet 地址，也可以是本地机的路径。

工作区：显示当前访问的文档信息。

状态栏：在窗口的最底下一栏。它显示多种 Internet Explorer 的工作状态信息。

（二）工具按钮说明

使用 IE 时，既可以使用菜单中的命令，也可以直接单击达到同样的目的。使用工具按钮一般来说更直接、更快捷、更方便。IE 中最常用的功能已列在工具栏中。表 2-1 列出了每个工具栏的图标及相应的功能说明。

表 2-1 工具栏按钮及其功能

按钮	名称	功能
	后退	回到前一个浏览过的页面
	前进	进到下一个浏览过的页面
	停止	停止装载当前 web 页
	刷新	重新装载当前 web 页
	主页	回到 IE 开始的启动页面
	搜索	打开搜索引擎窗口
	收藏夹	打开文件收藏窗口
	历史	打开浏览过的页面的历史列表
	全屏	切换为全屏显示方式
	字体	改变工作区中页面的字体
	打印	打印当前页面

三、Internet Explorer 的应用

（一）设置启动页

安装 IE 浏览器后，默认的启动首页为微软中国的首页，用户可以将启动页设置为"空白页"、当前浏览的网页或者某一指定的网页。

将"百度"首页设置为默认启动页。

（1）启动 IE 浏览器，在地址栏中输入"百度"网站首页网址 http：www. baidu. com，按 Enter 键进入该网站。

（2）选择"工具" ｜ "Internet 选项"命令，打开"Internet 选项"对话框，切换到"常规"选项卡。

（3）单击"主页"选项组中的"使用当前页"按钮，在"地址"文本框中自动显示"百度"的主页网址，如图 2－9所示。

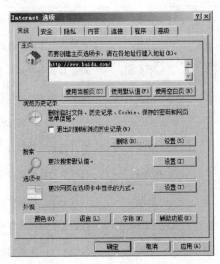

图 2－9　"Internet 选项"对话框

（4）完成设置后单击"确定"按钮，下次开启 IE 浏览器时将自动打开所设置的启动页。

（二）收藏网页

若要添加网址到收藏夹，应先确定当前打开的网页是需收藏的，然后选择"收藏" ｜ "添加到收藏夹"命令，将当前网页添加到"收藏"菜单中。收藏后的网站名称会自动显示在"收藏"菜单下，下次使用时直接选择该网站或者网页的名称即可。

向收藏夹中添加的页面比较多时，使用起来会有一定的麻烦，有必要将网页进行分类保存，即把收藏的页面移至文件夹中。选择"收藏" | "整理收藏夹"命令，打开"整理收藏夹"对话框。在此对话框中可以创建或者删除收藏分类，也可以重命名分类或者网站名称，还可以为收藏的各个网址重新进行排序，或者将某一个网址移动到不同的分类中。

在收藏夹中新建"搜索引擎"分类，并将搜狐（www. sohu. com）网站保存到新建的收藏夹中。

（1）双击 IE 图标，启动 IE 浏览器。

（2）在"地址"栏中输入搜狐的网址 http：//www. sohu. com。

（3）输入后按下 Enter 键，浏览器会打开搜狐网站的主页。

（4）选择"收藏" | "整理收藏夹"命令，打开"整理收藏夹"对话框，如图 2-10 所示。

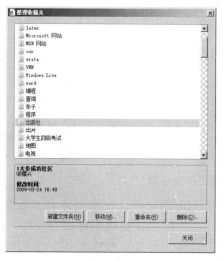

图 2-10 "整理收藏夹"对话框

（5）单击"新建文件夹"按钮，在右侧的列表框中显示"新建文件夹"，输入"搜索引擎"字样，然后按 Enter 键。

（6）单击"关闭"，按钮，关闭"整理收藏夹"文件夹。

（7）选择"收藏" | "添加到收藏夹"命令，打开"添加到收藏夹"对话框。

（8）单击"创建到"按钮，在对话框的下侧自动显示"创建到"列表框，如图 2-11 所示。

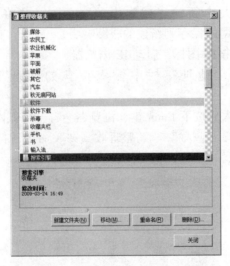

图 2-11 "添加到收藏夹"对话框

（9）选择"搜索引擎"文件夹，单击"确定"按钮完成收藏。

（三）使用"历史记录"

IE 浏览器还允许用户查询在过去几天、几小时或几分钟前曾经浏览过的网页和网站，此功能可以方便用户快速打开以前访问过的网站。此外，还可以指定历史记录的保存天数，也可以清除所保留的历史记录信息。

查看上星期浏览过的网页。

（1）打开 IE 浏览器。

（2）单击"常用"工具栏上的"历史"按钮，左侧显示"历史记录"任务窗格，其中包含了用户在最近几天或几星期内访问过的网页和站点的链接。

（3）单击"2 周之前"分类文件夹，如图 2-12 所示。

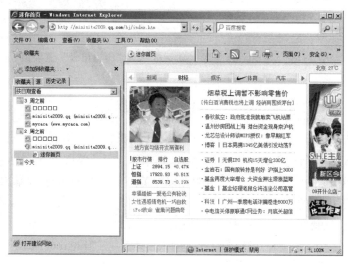

图 2-12　单击分类文件夹

（4）展开上周浏览过的网站，选择要浏览网页所在的网站，单击进入，双击对应网页即可浏览。

浏览网页保存天数可自定义。打开"Internet 选项"对话框，在"常规"选项卡的"历史记录"选项组（图 2-13）的"网页保存在历史记录中的天数"微调框中设置保留天数，默认为 20。

设定的天数越多，保存该信息所需的磁盘空间就越多。单击"清除历史记录"按钮，即可清空所保存的所有历史记录信息。

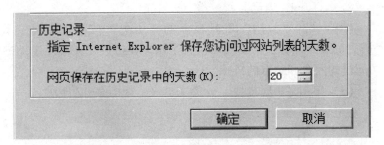

图 2-13 "Internet 选项"对话框中的"历史记录"选项组

(四) 过滤网络有害信息

Internet 上提供了各式各样的信息，有些信息可以给工作、生活带来帮助。但是也有些不良信息，例如成人不健康、暴力、反动信息等。为了可以更好地使用网络，有必要屏蔽不良信息。使用 IE 的"分级审查"功能可以过滤或者禁止查看包含暴力或性等内容的网站。

限制网页显示暴力、色情信息。

（1）打开 IE 浏览器，选择"工具"｜"Internet 选项"命令，打开"Internet 选项"对话框，切换到"内容"选项卡。

（2）单击"内容"选项卡中的"启用"按钮，打开如图 2-14 所示的"内容审查程序"对话框。在"级别"选项卡中，可以对网站上的"暴力""裸体""性"和"语言"等方面进行过滤。

（3）暴力级别共分 4 级：0（无暴力）、1（打斗）、2（杀戮）、3（带血腥的杀戮场面）和 4（恣意的而且非常无理的暴力行为），默认设置的是 0（无暴力）。

（4）完成设置后单击"应用"按钮，再打开 IE 上网，发现所禁止的某些内容或者图片就显示不出来了。

（5）为了防止更改浏览器的分级设置，可以为分级设置添加密码。切换到"内容审查程序"对话框的"常规"选项卡，

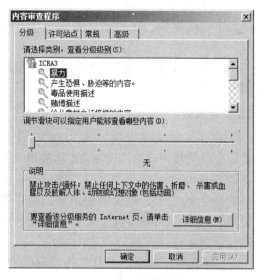

图 2-14　"内容审查程序"对话框

单击"创建密码"按钮，打开如图 2-15 所示的"创建监督人密码"对话框。

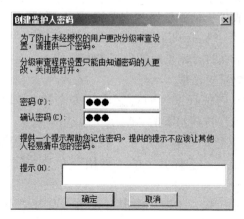

图 2-15　"创建监督人密码"对话框

（6）在"密码"文本框中键入密码，密码可以是纯数字，也可以是数字和字母的组合；在"确认密码"文本框中重复键入密码。

（7）设置完成后，单击"确定"按钮返回，重新启动电脑后，即可应用上述设置。

（五）设置安全级别

IE 浏览器提供了 4 种安全级别：低、中低、中和高。用户可以通过更改安全级别禁用或启用 ActiveX 插件以及控制、脚本等设置。要更改安全级别，应先按进入"Internet 选项"对话框，切换至"安全"选项卡。如果要使用系统提供的设置，可单击"默认设置"按钮；如果要自定义安全级别，可单击"自定义级别"按钮。

（1）打开 IE 浏览器，选择"工具"｜"Internet 选项"命令，打开"Internet 选项"对话框。

（2）切换至"安全"选项卡，单击"自定义级别"按钮，打开"安全设置"对话框，如图 2-16 所示。

（3）确认单击的安全级别为"中级"，否则可打开"重置为"下拉列表框，从中选择"安全级-中"选项。

（4）选择"ActiveX 控件和插件"选项组下的"启用"单选按钮，表示在打开网页时若发现未安装的 ActiveX 控件或插件时自动弹出提示对话框。

（5）确认已选择了"对标记为可安全执行脚本的 ActiveX 控件执行脚本"选项组下的"启用"单选按钮。

（6）向下移动垂直滚动条，找到"下载已签名的 ActiveX 控件"选项组，并选择其下的"启用"单选按钮，如图 2-17 所示。

（7）设置完毕，单击"确定"按钮，退出"安全设置"对话框。

（8）单击"确定"按钮，退出"Internet 选项"对话框，

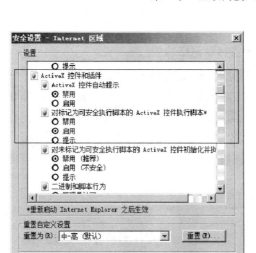

图 2-16 "安全设置"对话框

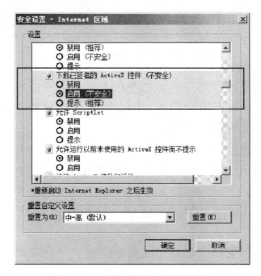

图 2-17 启用下载已签名控件

完成设置。

（六）设置自动记忆功能

IE 浏览器的自动记忆功能，可以记忆用户曾登录过的网站网址，也能自动记忆用户登录邮箱或表单时填写的"用户名"及"密码"。当用户输入用户名或密码并确认后，会自动弹出如图 2-18 所示的"自动完成"对话框，询问是否愿意保存密码，单击"是"按钮，下次登录时输入用户名后密码自动显示，简化了操作。

图 2-18 "自动完成"对话框

万事皆有利有弊，不利之处在于容易被网络黑客或者病毒程序利用，会带来安全隐患。因此，建议用户要养成定时清理各种填表记录的良好习惯。

取消自动记忆用户名和密码功能。

（1）打开"Internet 选项"对话框，切换到"内容"选项卡。

（2）单击"自动完成"按钮，打开如图 2-19 所示的"自动完成设置"对话框。

（3）取消选择"自动完成功能应用于"选项组中的"表单上的用户名和密码"复选框，其下的"提示我保存密码"选项自动变为不可用。

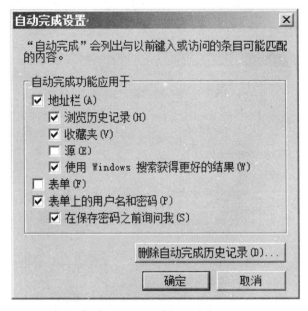

图 2-19　"自动完成设置"对话框

（4）设置完毕，连续单击"确定"按钮完成设置。

在 IE 地址栏内键入反斜杠"＼"，然后按 Enter 键，自动显示 IE 所在分区硬盘根目录下的所有文件夹及文件，地址栏内的反斜杠自动变为相应的盘符。

（七）清除 Internet 临时文件

在每次打开某个网页时，IE 浏览器自动将网页的相关信息保存到临时文件夹中，以方便用户日后脱机时浏览。

进入"Internet 选项"对话框，确认当前显示"常规"选项卡，单击"Internet 临时文件"选项组中的"删除 Cookies"按钮，可删除存留的各种登录信息；单击"删除文件"按钮可删除临时文件。

单击"浏览历史记录"选项组中的"设置"按钮，在打开"设置"对话框中查看临时文件夹所在的具体路径，并在其下的

"要使用的磁盘空间"选项中设置临时文件夹所占的空间，如图2-20所示。

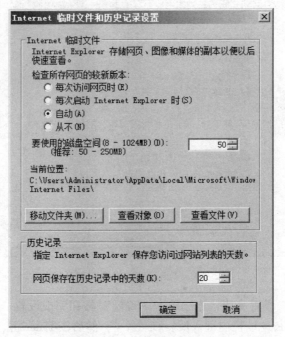

图 2-20 "设置"对话框

(八) IE 中的 Cookie

Cookie 的英文原意为"甜饼"，在这里是指从服务器发送的通过浏览器将在本地电脑中进行存储的少量数据。通常记录的是用户在该站点的访问次数、访问时间、进入路径等信息。

打开"Internet 选项"对话框，切换至"隐私"选项卡，单击"高级"按钮，打开"高级隐私策略设置"对话框，选择"替代自动 cookie 处理"复选框，如图 2-21 所示。在该对话框中可根据需要设置"第一方 Cookie""第三方 Cookie"及"会话Cookie"。

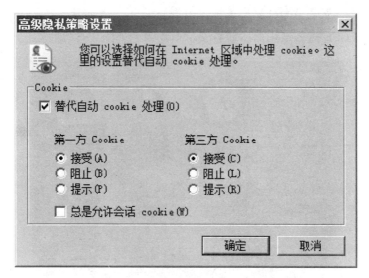

图 2-21　"高级隐私策略设置"对话框

（1）"第一方 Cookie"指的是来自当前正在访问的网站，储存了一定的信息。建议用户选择"接受"选项。

（2）"第三方 Cookie"指的是来自当前访问网站以外的站点，最常见的就是那些在被访问站点中放置广告的第三方站点。默认选择的是"拒绝"选项，建议用户选择"拒绝"选项。

（3）"会话 Cookie"是指当前浏览时存储的一些信息，在关闭 IE 的同时，这些 Cookies 也同时被删除，一般没什么危害。用户可根据自己的意愿选择该选项。

第三节　如何安装、卸载 App

App 是英文单词"Application"的简称，指的是智能手机上的各种应用程序客户端。

1. 安装 App（以安装微信为例）

（1）进入应用商店或者安卓市场等，如图 2-22 所示。

图 2-22　找到应用商店

（2）在搜索界面中输入"微信"，然后点击右边的"安装"按钮，如图 2-23 所示，安装结束后在桌面上将出现"微信"图标，见图 2-24。

2. 卸载 App

安装完成的 App，可以通过卸载功能进行卸载，下面以卸载微信为例。

（1）进入应用商店界面，见图 2-25，然后点击右下角"管理"，见图 2-26。

（2）点击"应用卸载"，见图 2-27；在出现的界面中找到微信，点击"卸载"即可，见图 2-28。

图 2-23　搜索"微信"

图 2-24 安装结束后在桌面上将出现"微信"图标

图 2-25 找到应用商店

图 2-26　点击右下角"管理"

图 2-27　点击"应用卸载"

18:48   0.01K/s   4G 4G 56%

< 应用卸载

乐教乐学
版本：1.0.166
占用空间：110.01M   ○

手机淘宝
版本：8.5.10
占用空间：105.61M   ○

高德地图
版本：8.85.0.2275
占用空间：104.97M   ○

微信
版本：7.0.3
占用空间：104.95M   ●

纳米盒
版本：5.2
占用空间：77.26M   ○

百度 CarLife
版本：5.9.0
占用空间：75.77M   ○

百度
版本：11.5.2.1   ○

一键卸载(1个，104.95M)

图 2-28   "应用卸载"界面

第三章　互联网在生活中的应用

第一节　获取信息

一、获取新闻

（一）电脑端

（1）打开浏览器界面，找到感兴趣的新闻页面（图3-1）。

图3-1　找到新闻页面

（2）选择新闻类型（图3-2）。

图3-2　选择自己喜欢的新闻

（3）也可以选择自己喜欢的新闻种类，然后再选择自己喜欢的新闻，双击即可看到新闻的内容。

（二）手机端

（1）这里以腾讯新闻极速版为例，在应用商店的搜索框里输入"新闻"，选择自己喜欢的软件，然后点击"安装"即可，完成安装后，找到软件并点击即可进入主页面，显示如图3-3所示。

图3-3　腾讯新闻主界面

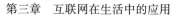

（2）在右上角找到"+"，选择常阅读的频道，如果有不喜欢频道可点击右上角的"×"，显示如图3-4所示。

图3-4 选择自己喜欢的频道

（3）选择自己喜欢的频道，如点击"社会"，在"社会"频道里选择自己喜欢的新闻，显示如图3-5所示。

图 3-5 新闻的具体内容

二、学习办公

电子办公不再完全依赖于计算机，在 Android 手机上，同样能够实现文档编辑、文件扫描、会议录音等商务功能，以下介绍较为流行的移动电子办公程序，满足您随时随地办公的需求。

三、办公文档处理

文档处理程序包括对 Office、PDF 和 TXT 文档的处理，本小节具体介绍 Documents To Go、WPS Office、Office Suite、Adobe Reader 和用于文字记录的小米便签。

（一）Documents To Go

Documents To Go 是一款较流行的电子文档处理程序，该程序支持 Word、Excel、PowerPoint、TXT 文档的阅读、创建和编辑，以及 PDF 文件的浏览。

该程序主界面中，可新建文档，或者从存储卡中打开已创建文档；开启某 Word 文档，并打开 Menu 菜单选择【编辑】，即可编辑文档，包括字体编辑、段落格式、标注、排序、插入图片、复制粘贴等。

Documents To Go 支持文件上传至 Google 账户，实现远程存储。

（二）WPS Office

WPS Office 手机版是金山公司推出的电子办公软件，全面支持微软的 Office 文档的编辑和 PDF 文档阅读，并且支持将文档上传至金山快盘进行在线存储。

（三）Office Suite

Office Suite 同样是一款功能强大、兼容微软 Office、PDF 文档的办公程序。

Office Suite 同样支持文件远程存储，可以和 Google、Dropbox 及 Box 等账户关联，实现文件上传。

类似的电子文档编辑程序，还有 Quick Office、ThinkFree Office、Google Docs、Polaris Office 等，均能够完成 Office 文档的处理，此处不再介绍。

（四）Adobe Reader

Adobe Reader 文档阅读器用于阅读 PDF 格式的电子文档，该程序支持用户直接在浏览器和 Email 附件中打开 PDF 文件。

在文档阅读界面可通过双击或两点触控屏幕，进行文档的放大和缩小。

（五）小米便签

如果不需要复杂的文档编辑功能，只需要一个文字记事本，那么推荐使用小米便签。

　　该程序可智能识别电话、网址、邮箱，长按可进入对应的软件操作。

　　四、地图

　　在应用商店的搜索界面搜索"地图"，选择自己喜欢的地图软件，这里以百度地图为例来进行介绍，下载并安装百度地图后即可显示如图 3-6 所示的界面。

图 3-6　"百度地图"主界面

找到定位按钮，可以对手机具体位置进行定位，并能显示当前位置的拥堵状况。

如果点击"路线"图标即可显示如图 3-7 所示。

图 3-7 点击右下角的"路线"

可以选择偏好的出行方式，如步行。在"输入终点"处输入终点的地址，然后点击"确定"按钮（图 3-8）。

图 3-8　选择自己喜欢的出行方式

第二节　QQ 的使用方法

一、电脑端

在 QQ 主页中下载安装软件并安装。

安装完 QQ 后，在桌面上找到 QQ 图标（图 3-9）。

新用户则点击"注册账号"，如图 3-10 所示，按提示完成安装。

图 3-9　QQ 桌面图标

图 3-10　注册账号

老用户则输入账号密码后即可进入 QQ 主页面。

二、手机端

在手机上通过应用商店搜索"QQ",下载并安装后,在手机桌面上找到一个如图 3-11 所示的 QQ 图标。

图 3-11　QQ 图标

点击 QQ 图标打开软件界面。

老用户则直接输入账号密码进入 QQ 主页面,新用户则点击"新用户注册",因为注册账号需要与手机号绑定,所以输入手机号码,然后点击"下一步",输入验证码,然后填写一个喜欢的昵称完成注册。

在设置密码界面,输入密码,然后点击"完成",则完成了 QQ 的注册。

找到主界面右上角的"+"号加好友(图 3-12)。点击"加好友/群",如图 3-13 所示。填写你将要加的好友的 QQ 号。

添加好友时可能需要问题验证,填写完后点击右上角的"发送",对方通过验证以后则可以添加为好友。

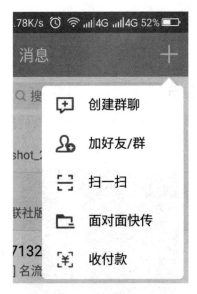

图 3-12 加好友

图 3-13 填写你将要加的好友的 **QQ** 号

第三节　微信

一、微信的注册

在手机界面中找到微信图标、点击微信图标。如图 3-14 所示。

图 3-14　点击微信图标

有账号，直接输入密码登陆，若无账号，点击创建新账号，如图 3-15 所示。

用您的手机号注册新的微信号，如图 3-16 所示。

进入微信后的界面，左下角的"微信"变成绿色，呈现微信列表。

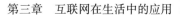

图 3-15　创建新账号

图 3-16　用您的手机号注册新的微信号

二、添加朋友圈

先点击"发现",如图 3-17 所示。

图 3-17　点击"发现"

点击"朋友圈"了解亲友动态。

长按右上角的按钮可以发送纯文字消息,写上您的心情文字,点击右上角的"发送"按钮,将文字发送到朋友圈,如图3-18 所示。

发送图片和文字。点击右上角的按钮,点击照片选择我们要发到朋友圈的图片,如图 3-19 所示。

如果要现场拍照,点击图 3-20 所示的"拍摄照片"。

图 3-18　发送纯文字消息

图 3-19　发送图片和文字

图 3-20　要现场拍照

　　输入您对图片的文字说明，点击右上角的"发送"按钮，如图 3-21 所示。

图 3-21　输入您对图片的文字说明

第四节　公众号的建立与日常维护

(一) 公众号的建立

打开浏览器，在地址栏中输入 https：//mp. weixin. qq. com/，进入微信公众平台，单击右上方【立即注册】，即可进入注册页面，根据自己实际需要，选择账号分类，下面以注册【订阅号】为例进行详细讲解 (图 3-22、图 3-23)

图 3-22　公众号的建立 (一)

图 3-23　公众号的建立 (二)

服务号

为企业和组织提供更强大的业务服务与用户管理能力，主要偏向服务类交互（功能类似12315，114，银行，提供绑定信息，服务交互的）。

适用人群：媒体、企业、政府或其他组织。

群发次数：服务号1个月（按自然月）内可发送4条群发消息。

订阅号

为媒体和个人提供一种新的信息传播方式，主要功能是在微信侧给用户传达资讯；（功能类似报纸杂志，提供新闻信息或娱乐趣事）。

适用人群：个人、媒体、企业、政府或其他组织。

群发次数：订阅号（认证用户、非认证用户）1天内可群发1条消息。

微信小程序

小程序是一种新的开放能力，开发者可以快速地开发一个小程序。小程序可以在微信内被便捷地获取和传播，同时具有出色的使用体验（图3-24）。

图3-24　小程序体验

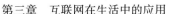

单击【订阅号】，弹出【基本信息】页面，按要求填写相关信息，如图 3-25 所示，内容填写完成后，单击【注册】按钮，弹出【选择类型】页面（图 3-25 至图 3-27）。

图 3-25 填写相关信息

图 3-26 选择类型页面（一）

图 3-27　选择类型页面（二）

选择企业的注册地，如【中国内地】（图 3-28）。

图 3-28　选择企业的注册地

选择账号类型，选择【订阅号】下方的【选择并继续】（图 3-29）。

在弹出的【温馨提示】对话框中，单击【确定】（图 3-30）。

图 3-29　选择账号类型

图 3-30　主体信息登记（一）

在弹出的【用户信息登记】页面中，选择【个人】，单击【下一步】（图 3-31）。

填写【主体信息登记】和【管理员信息登记】等信息，信息验证后，单击【继续】按钮（图 3-32）。

图 3-31　主体信息登记（二）

图 3-32　提示窗口

在弹出的【提示】页面中，单击【确定】按钮（图 3-33）。

在弹出的【公众号信息】页面中，填入【账号名称】【功能介绍】【运营地区】，单击【完成】按钮（图 3-34）。

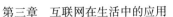

图 3-33　填写公众号信息

图 3-34　信息提交成功

至此，微信公众号注册完成，单击【前往微信公众号平台】，即可进行公众号的日常信息发布与维护。

（二）公众号的日常维护

1. 网页方式

打开浏览器，在地址栏中输入 https：//mp. weixin. qq.

com/，进入微信公众平台，填写【用户名】和【密码】，单击【登陆】，即可进入公众号维护页面（图3-35）。

图3-35　公众号维护页面

通过【微信公众平台】左侧的菜单，并根据实际需要对公众号进行管理。

单击【新建群发】按钮，可以进行文章的编辑，编辑过程中，根据提示插入文章的标题、图片、内容文字等，编辑完成后可以保存、预览和保存并群发（图3-36至图3-40）。

图3-36　新建群发（一）

图 3-37　新建群发（二）

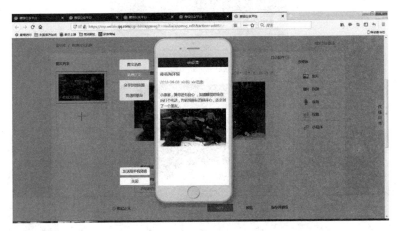

图 3-38　新建群发（三）

2. 手机微信

在公众号注册时，绑定一个管理员微信号，管理员微信号关注了一个【公众平台安全助手】，可以通过这个助手进行文章的群发（图 3-41）。

图 3-39 新建群发（四）

图 3-40 新建群发（五）

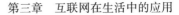

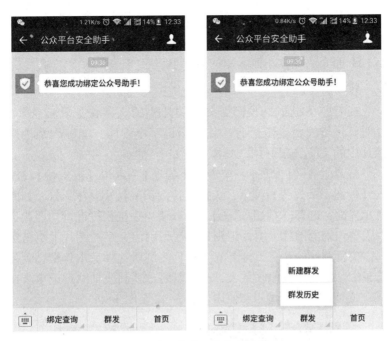

图 3-41　公众平台安全助手

第五节　微信小程序的妙用

当我们还在为手机安装了过多的 App，而导致手机存储容量不够、运行速度变慢而发愁时，一种无需安装、即扫即用的小程序应运而生。微信小程序简称小程序，英文名 Mini Program，是一种不需要下载安装即可使用的应用，它实现了应用"触手可及"的梦想，用户扫一扫或搜一下即可打开应用，随时可用，但又无需安装卸载，不用关心是否安装太多应用的问题。

2018 年春节期间，微信小程序成为过年聚会游戏新风尚。微信小游戏同时在线人数最高达 2 800 万人/小时，其中，"跳一跳"荣登"最受欢迎小游戏"排行榜首位，星途 Wegoing、欢乐斗地主、欢乐坦克大战、大家来找茬则分列 2~5 位，给无数玩家带来了欢声笑语。

下面介绍几款小而实用的微信小程序。

传图识字

在有些情况下，我们需要把图片上的文字快速转成文本，并对其进行编辑。微信有一款传图识字小程序，能够识别拍摄照片中的文字，很好用。具体操作如下。

打开微信-【发现】-单击【小程序】-点击【放大镜】-输入【传图识字】进行搜索，选择【传图识字】小程序，打开如图所示界面，选择【拍照/选图】，可以使用手机相机进行拍照或选择需要识别的图片，图片识别后，在识别出文字的图片上点击选择需要复制作的文字，再点击【√】复制所选择文本，粘贴到备忘录中、发送给其他联系人，也可以通过复制或粘贴到记事本或word 文档中，进行编辑和使用（图 3-42 至图 3-44）。

图 3-42 传图识字（一）

图 3-43 传图识字（二）

图 3-44 传图识字（三）

<h2>第六节　博客</h2>

<h3>一、什么是 Blog（博客）</h3>

Blog（博客）的全名是 Web log，中文意思是"网络日志"。

Blog（博客）其实就是一个网页，它通常是由简短且经常更新的帖子构成，这些张贴的文章一般都是按照年份和日期倒序排列的。Blog（博客）的内容和目的有很大的不同，从对其他网站的超级链接和评论，有关公司、个人构想到日记、照片、诗歌、散文种类繁多。许多 Blogs（博客）是个人心中所想之事的发表，个别 Blogs（博客）则是一群人基于某个特定主题或共同利益领域的集体创作。

Blogger 即指撰写 Blog 的人。Blogger 在很多时候也被翻译成为"博客"一词，而撰写 Blog 这种行为，有时候也被翻译成"博客"。

<h3>二、Blog（博客）的分类</h3>

博客主要可以分为以下几大类：【基本的博客】Blog（博客）中最简单的形式。单个的作者对于特定的话题提供相关的资源，发表简短的评论。这些话题几乎可以涉及人类的所有领域。

【微博】即微型博客，目前是全球最受欢迎的博客形式，博客作者不需要撰写很复杂的文章，而只需要抒写 140 字内的心情文字即可。

【家庭博客】这种类型博客的成员主要由亲属或朋友构成，他们是一种生活圈、一个家庭或一群项目小组的成员。

【协作式的博客】其主要目的是通过共同讨论使得参与者在某些方法或问题上达成一致，通常把协作式的博客定义为允许任何人参与、发表言论、讨论问题的博客日志。

【公共社区博客】公共出版在几年以前曾经流行过一段时间，但是因为没有持久有效的商业模型而销声匿迹了。廉价的博客与这种公共出版系统有着同样的目标，但是使用更方便，所花的代价更小，所以也更容易生存。

【商业、企业、广告型的博客】对于这种类型博客的管理类似于通常网站的 Web 广告管理。

【知识库博客】基于博客的知识管理将越来越广泛，使得企业可以有效地控制和管理那些原来只是由部分工作人员拥有的、保存在文件档案或者个人电脑中的信息资料。知识库博客提供给了新闻机构、教育单位、商业企业和个人一种重要的内部管理工具。

三、常见 Blog（博客）站点简介

目前，各大门户网站都提供了博客的相关功能，其中比较有影响的有以下几个。

1. QQ 空间

QQ 空间（Qzone）是腾讯公司于 2005 年开发出来的一个个性空间，具有博客（Blog）的功能，自问世以来受到众多人的喜爱。在 QQ 空间上可以书写日记，上传自己的图片，听音乐，写心情，通过多种方式展现自己。除此之外，用户还可以根据自己的喜爱设定空间的背景、小挂件等，从而使每个空间都有自己的特色。当然，QQ 空间还为精通网页的用户提供了高级的功能：可以通过编写各种各样的代码来打造自己的空间。

2. 网易博客

网易博客是网易为用户提供个人表达和交流的网络工具。在这里用户可以通过日志、相片等多种方式记录个人感想和观点，还可以共享网络收藏完全展现自我。通过排版选择用户喜欢的风格、版式，添加个性模块，更可全方位满足用户个性化的需要。网易博客于 2006 年 9 月 1 日正式上线。

3. 新浪博客

新浪网博客频道是全国最主流、人气颇高的博客频道之一。拥有娱乐明星博客、知识性的名人博客、动人的情感博客、自我的草根博客等。

4. 百度空间

百度空间，百度家族成员之一，于 2006 年 7 月 13 日正式开放注册，空间的口号是：真我，真朋友！轻松注册后，可以在空间写博客、传图片、养宠物、玩游戏，尽情展示自我；还能及时了解朋友的最新动态，从上千万网友中结识感兴趣的新朋友。分享心情，传递快乐。

此外还有 51 交友空间、搜狐博客、校内网博客、TOM 博客等众多的博客站点。

四、电脑端

（一）Blog（博客）的使用

下面以搜狐博客为例为大家介绍一下常见 Blog（博客）的使用方法。

1. 注册"博客通行证"

（1）启动 IE 浏览器，在地址栏输入"http：//blog. sohu. com"，弹出"搜狐博客"首页，如图 3-45 所示。

（2）单击上述页面中的"注册新用户"链接，打开"搜狐博客注册"页面，如图 3-46 所示。

（3）在相应的栏目中输入用户的个人信息，单击"完成注册"按钮，打开"通过邮件激活"页面，如图 3-47 所示。

（4）打开用户的个人邮箱，会看到搜狐博客的激活邮件，如图 3-48 所示。

（5）注册成功后页面会自动跳转到"修改头像"页面，单击"浏览"按钮，会弹出"选择文件"对话框。

图 3-45　"搜狐博客"首页

图 3-46　"搜狐博客注册"页面

农村互联网应用

图 3-47　"通过邮件激活"页面

图 3-48　激活邮件

选好头像图片后，单击"上传"按钮，头像图片将会被传送到博客中。单击"保存头像"按钮，头像的设置将被保存下来。

（6）修改头像完成后，页面会自动跳转到"基本信息"页面，填写完个人的基本信息后，单击"保存"按钮，会自动登录到用户的博客空间。

2. 个性化自己的博客

（1）登录博客。

①打开搜狐博客首页，找到"登录"界面，如图 3-49 所示。

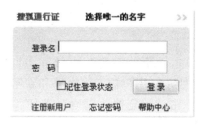

图 3-49 "登录"界面

②输入正确的用户名和密码，单击"登录"按钮，如图 3-50 所示。

图 3-50 "登录"页面

（2）修改个人档案。

个人头像：

①单击"个人资料设置"链接，会打开"个人资料设置"页面。系统默认打开"个人头像"页面。

②单击"上传图像"按钮，会弹出"选择要上传的文件"对话框，选好头像图片后，单击"上传"按钮，头像图片将会被传送到博客中。最后单击"保存"按钮，保存上传的头像文件。

个人信息： 单击"基本信息"链接，打开"基本信息"页面。用户可以在这里修改博客名、博客描述和个性介绍。单击"保存"按钮可以将修改的信息保存到博客空间中。

教育情况： 单击"教育情况"链接，会打开"教育情况"页面，用户可以输入个人的详细信息，单击"保存"按钮保存该信息。

更改密码： 单击"更改密码"链接，会打开"更改密码"页面，如图 3-51 所示。用户输入原密码和新密码，可以更改当前的登录密码。单击"确定修改密码"按钮，修改的密码将会生效。

图 3-51　"更改密码"页面

3. 写作和发表 Blog（博客）文章

（1）登录后在"我的空间"单击"写日志"链接，如图 3-52 所示。

图 3-52　"写日志"链接

（2）打开"撰写新日志"页面，如图 3-53 所示。在该页面中，可以添加标题，撰写博文内容以及给日志分类等。

图 3-53　"撰写新日志"页面

（3）单击"插图"按钮，会弹出"添加/修改图片"页面，单击"浏览"按钮，如图3-54所示。

图3-54　"添加/修改图片"页面

（4）弹出"选择要加载的文件"对话框，选择要插入日志的图片文件。选中图片后还可以设置图片在文字中的排版方式等。单击"确定"按钮，图片插入到文字中。

除了可以管理日志以外，还可以管理评论、草稿和分类，管理方法与日志类似。

五、手机版

在应用商店搜索"微博"，下载，安装成功后在手机桌面上找到如图3-55所示的"微博"图标，双击该图标。

图3-55　"微博"图标

老用户则点击右上角"登录",输入账号密码进行登录。新用户则需要注册微博账号,点击左上角"注册"。

输入手机号,然后点击"注册",如图 3-56 所示。

20:29   568K/s ⏲ 🛜 ᯤ4G ᯤ4G 47% 🔋

✕

登录注册更精彩

登录注册表示同意用户协议、隐私条款

+86 ∨   输入手机号

获取验证码

用帐号密码登录   手机号已更换

其他登录方式

微信

QQ

图 3-56 输入手机号

输入接收到的验证码，点击"确定"，如图 3-57 所示。

图 3-57　输入手机接收到的验证码

完善个人的资料，在相应位置填写信息，点击"确定"，即完成了微博的注册，进入微博的主页面，在主页面可以看到关注人发的微博，如图 3-58 所示。

图 3-58　关注人发的微博

　　点击最下面的"发现"，在"发现"里找自己感兴趣的人、事、物，如图 3-59 所示。

图 3-59 找自己感兴趣的人、事、物

点击最上面的搜索框，可以看到热门新闻，如图 3-60 所示。

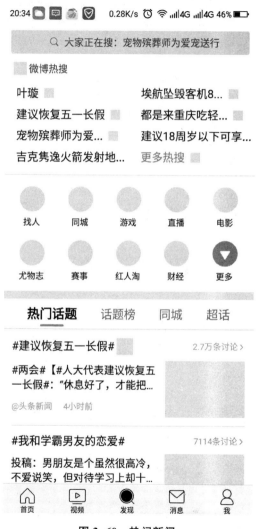

图 3-60 热门新闻

点击"发现"里的"找人",如图 3-61 所示。

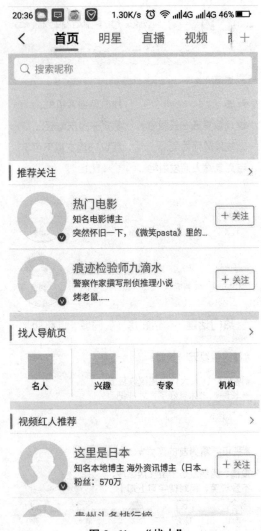

图 3-61 "找人"

在搜索框里输入对方昵称或者账号，点击"确定"，显示相关的搜索结果，如图 3-62 所示。

图 3-62　显示相关的搜索结果

　　找到感兴趣的人，点击"关注"后返回微博主页面，点击
"我"，如图 3-63 所示，显示了自己的关注人数和粉丝人数，点

开可以看到关注的人或者粉丝的具体信息。

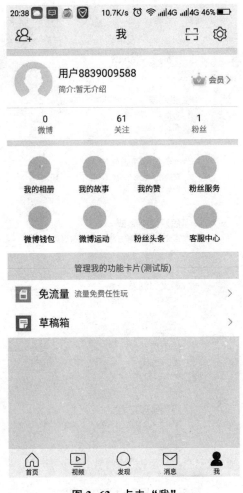

图 3-63　点击"我"

　　如想了解关注的人更多信息，点击头像进入主页，如图 3-64 所示。在这个页面可以看到他的主页面，了解更多关于他的信息，点击下面的"聊天"，则显示如图3-65所示的页面，在输入框输入信息，点击"发送"，即可完成。

图 3-64 进入主页

图3-65 "聊天"界面

第七节 免费的电子邮箱

很多站点提供免费的电子邮箱，不管从哪个 ISP 上网，只要能访问这些站点的免费电子邮箱服务网页，用户就可以免费建立并使用自己的电子邮箱。这些站点大多是基于 Web 页式的电子邮件，即用户要使用建立在这些站点上的电子邮箱时，必须首先使用浏览器进入，登录后，在 Web 页上收发电子邮件。也即所谓的在线电子邮件收发。

一、建立信箱的方法

不同的服务器建信箱的方法略有不同。

例如，利用 http 协议访问网易主页，在域名为 www.163.com 服务器上建立信箱。操作步骤如下。

启动 IE11，在地址框中键入 http：//www.163.com 进入网易的主页（图 3-66）。

图 3-66　网易主页

申请免费 E-mail 信箱，单击"免费邮箱"按钮，出现如图 3-67 所示的画面。

图 3-67　登录对话框

　　如果是已登记的用户，可以输入用户名及用户口令，单击"登录邮箱"链接点查看自己的信箱。新用户单击"注册 3G 免费邮箱"链接点，出现如图 3-68 所示的页面。

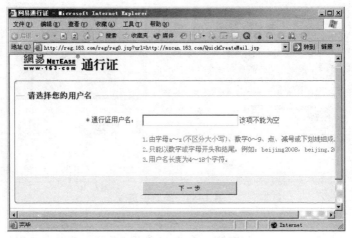

图 3-68　"注册主页面"

输入一个用户名，然后单击"下一步"按钮，如果用的名字已有人使用了，将提醒重新输入，否则弹出如图 3-69 所示的填写注册信息的页面。

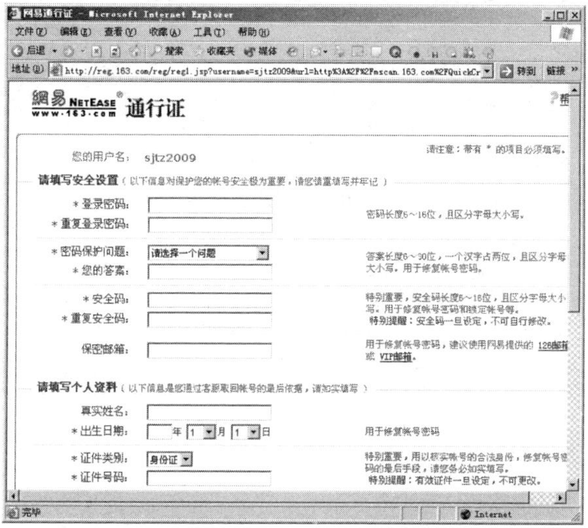

图 3-69　填写注册信息的页面

　　用户按照表格填写一系列有关个人的资料，利用上下滚动条可看到姓名、性别、婚姻状况等项目。其中画有 * 的问题必须回答，否则该网站拒绝用户在此申请信箱。所有项目填写完毕后，就可以单击"完成"按钮，向网站提交申请。

　　如果填写的信息有不符合网站要求的问题，网站将提醒在哪方面有错误，则用户单击"后退"按钮，修改填错的信息。

　　如果填写的信息无格式错误，弹出如图 3-70 所示的页面，自己再检查一遍。核对无误后单击"进入 3G 免费邮箱"按钮，显示如图 3-71 所示的页面；若单击"取消"按钮则放弃前面的注册工作。

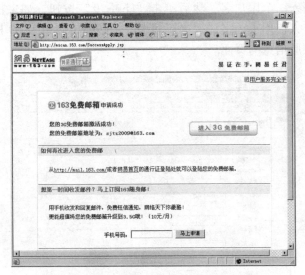

农村互联网应用

图3-70 "核对填写的内容"页面

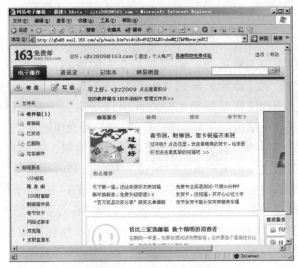

图3-71 进入网易邮箱

二、免费电子邮信箱使用

完成了上述的申请操作后，就可以对免费的邮箱进行使用了。

（一）读邮件

选定需要读取的邮件，单击"收件箱"超链接，可弹出如图 3-72 所示的页面，阅读来信。

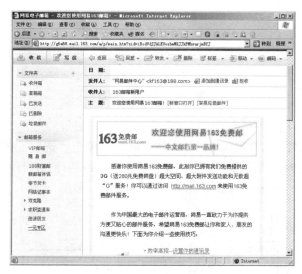

图 3-72　阅读邮件

由于是第一次使用，无信件（有的网站自动给新建信箱用户发一封欢迎信）。若有信件可双击信件名弹出信件内容。

（二）发信

单击"写信"按钮，可弹出如图 3-73 所示的写信页面。使用方法与使用 Outlook Express 相似，单击页面上各种工具按钮可执行各种功能。可利用此免费的电子邮信箱给自己发一封信，检查能否收到信件。单击"发送"按钮发出。

农村互联网应用

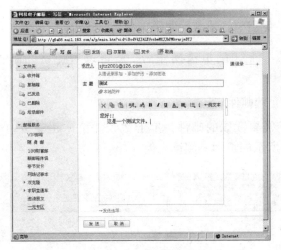

图 3-73　写稿件窗口

（三）邮箱配置

如果不满意默认的邮箱配置，则可以单击"选项"按钮，弹出图 3-74 的邮箱配置页面。单击相关的超级链接，自行设置。

图 3-74　邮箱配置页面

第八节　在线购物

智能手机安装了网购手机软件后，能通过网购软件直接上网采购所需物品，不用通过实物货币在线支付。

一、支付宝使用方法

（一）手机端

（1）在应用商店搜索"支付宝"，下载并安装，安装完后，在手机桌面上找到如图3-75所示的图标，点击该图标。

图3-75　"支付宝"图标

（2）显示如图3-76所示宝软件的主界面。

（3）支付宝新用户则需要注册，可以点击"新用户注册"（图3-77）。

（4）然后"同意"。

（5）注册时需要输入手机号，点击"注册"后该手机收到一条验证码，然后输该条验证码。

（6）然后需要设置密码，密码长度为8~20位不全是数字，完成后点击"确定"按钮。

（7）进入支付宝首页（图3-78）。

图 3-76　点击图标打开支付宝软件

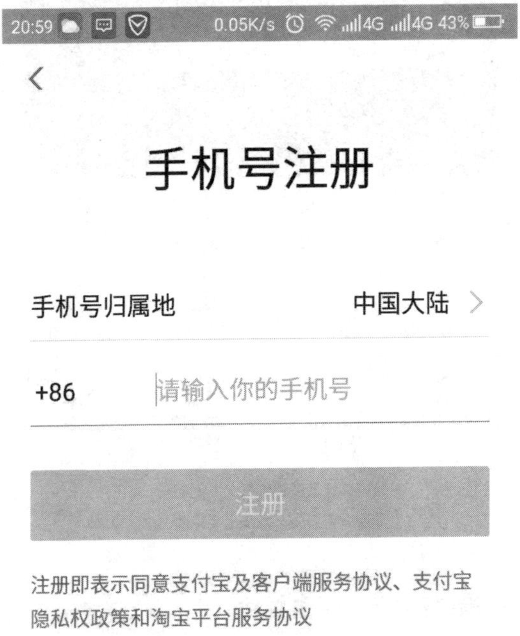

手机号注册

手机号归属地   中国大陆 >

+86   请输入你的手机号

注册

注册即表示同意支付宝及客户端服务协议、支付宝隐私权政策和淘宝平台服务协议

图3-77 新用户注册

图 3-78　进入支付宝首页

（8）如果有支付宝账户，在登录界面点击"登录"，然后输入相应的账户和密码，点击"登录"即可。

（9）支付宝在使用前可以绑定银行卡，点击支付宝首页下方导航栏的"我的"，页面跳转至图 3-79，点击"银行卡"，页面显示如图 3-80，该页面是已经绑定了 3 张银行卡，如果是新用户，需要绑定银行卡，点击页面右上角的"+"号，根据提示操作即可。

图 3-79　"我的"界面

图 3-80 "我的银行卡"界面

（二）电脑端

（1）在浏览器中输入网址 https：//www. alipay. com/，进入支付宝官网，如图 3-81 所示。

（2）双击"我是个人用户"，进入如图 3-82 所示界面。

图 3-81　进入支付宝官网

图 3-82　进入支付宝的登录选择界面

（3）支付宝新用户，需点击页面中的"立即注册"，出现如图 3-83 所示的界面。

图 3-83 阅读页面中的服务协议及隐私权政策

（4）阅读页面中的服务协议及隐私权政策，单击"同意"按钮，进入创建账户界面（图 3-84）。

图 3-84 注册支付宝

（5）在页面中选择"国籍/地区：中国大陆"，填入自己的手机号码，点击"获取验证码"按钮后，将收到的验证码填入页面"短信校验码"位置，点击"下一步"按钮。

（6）按要求填写完所有的信息后点击"确定"按钮，进入"设置支付方式"界面即可完成注册。

二、购买生活用品

以"淘宝"为例介绍购物操作。

在浏览器中输入网址 https：//www.taobao.com/，进入淘宝官网，如图 3-85 所示。

图 3-85 淘宝官网

单击"登录"按钮，进入如图 3-86 界面。

单击界面右方扫码登录区域的右上角电脑图标，登录区域将变换为密码登录，如图 3-87 所示。

图 3-86　"登录"界面

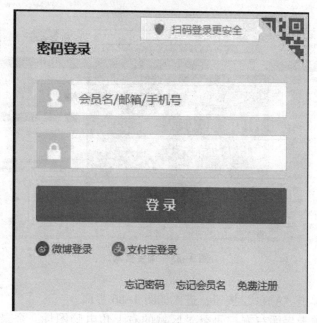

图 3-87　使用密码登录

单击"支付宝登录",即可进入支付宝登录界面(图3-88)

图3-88 支付宝登录界面

输入账户和密码,点击"登录"按钮,进入淘宝网首页(图3-89)。

图3-89 淘宝网首页

在搜索框 内输入商品名称，如"种子"，点击"搜索"按钮，界面将会显示类似于图 3-90 所示内容。

图 3-90　搜索商品名称

然后选择喜欢的物品，点击进入商品详情页面，如图 3-91 所示。

选择的颜色分类以及数量，点击"立即购买"，进入确认订单界面。

选择收货地址，然后提交订单后，页面会跳转至支付界面，选择合适的付款方式，并输入支付宝支付密码，点击"确认付款"，商品购买成功。

图 3-91 商品详情页面

第九节 电子支付

一、网上银行

在网上进行支付过程中，常常需要通过银联在线支付收银台跳转到某家银行的网银页面，按网银界面要求输入支付信息并完成支付。

二、手机银行

手机在线支付平台，除了能够完成购物支付外，还能够完成转账汇款、缴纳水电煤气费等功能，有多款第三方支付程序，例如常见的支付宝、银联手机支付等。除此之外，还有一些银行客户端程序，能够实现资金查询、转账、便民充值服务等。

以下介绍支付宝、银联手机支付以及建设银行客户端程序。

无论在计算机中或在手机中进行付款交易，都存在一定的风险，所以建议在手机中安装安全防护软件，如 360 安全卫士等。

（一）银联手机支付

银联手机支付平台，可绑定多个银行的信用卡或普通银行卡，并可查询绑定卡的余额，使用绑定卡进行信用卡还贷、手机充值等多种服务，但该平台暂时不提供普通银行卡之间的转账服务。

注册登录程序后，在操作前需要进行验证，即银行卡、密码和三者之间的验证，验证后即可操作银行卡的资金。

（二）建设银行客户端

要在 Android 手机中使用银行服务，首先需要在银行开通"手机银行服务"，并绑定一个手机号码，之后，便可以使用对应的 Android 客户端程序，例如建设银行手机银行。其程序图标为 。

使用手机银行，可完成查询、转账、充值缴费等服务。

使用建设银行手机银行，需预先在建设银行中开通网上银行和手机银行服务。

类似的银行客户端程序，还有招商银行、交通银行、浦发银行、工商银行等，同样，需要开通对应的手机银行服务，才可以使用其 Android 客户端实现查询、转账等服务。

三、电话银行

电话银行，顾名思义，就是通过电话使用银行提供的各种服务。通过电话这种现代化的通信工具，使用户不必去银行，无论何时何地，只要通过拨通电话银行的电话号码，就能够通过电话银行办理多种非现金交易。

这里选择中国银行的电话银行进行一些实际的演示。

持本人有效身份证件、本人任意有效账户到所在地区中国银行网点办理电话银行签约，签约成功后即可使用中国银行95566电话银行。

在柜台开通电话银行时，须设置电话银行密码。一个客户只有一个电话银行签约密码，即同一客户下所有签约账户的电话银行密码唯一。

您可以通过电话银行自行修改电话银行密码，若您忘记电话银行密码，可持任意开通或关联电话银行的账户及开通电话银行时的有效身份证件，到柜台重置电话银行密码。

此外，拨打95566后，如果不知道某项服务应该怎么操作，选择语种及银行服务后，可以直接按0键转接人工服务，也可以在交易或查询的过程中，按0转人工服务，然后等到银行的工作人员接听您的电话，直接帮您解答疑问。

注：该菜单仅适用于中国银行，如有变动，以电话语音为主，其他银行也请根据电话提示操作。

四、微信支付

随着微信变得越来越流行，银行也开始将目光投向微信平台。借助微信开放的公众平台消息接口，国内诸多银行退出了微信银行，或者叫做微信客服号。选择使用微信银行，可以避免另外安装一个手机银行App，可以降低手机存储空间的占用。

这里将通过中国银行在微信开通的"中国银行微银行（bocebanking）"对微信银行的操作进行演示。其他银行的微信银行操作方式类似，可以举一反三。

可以设定是否开启到账提醒，如果设置打开，那么每有一笔交易发生，微银行都会发来提示。

第十节　挂号、交水、电、煤气费

当智能手机安装了支付宝、微信等网上金融软件和网上挂号平台后，你可以在家里选择你要去的医院、看你认为最好的医生，预约挂号看病。如果不知道你的病需要看什么样的医生，可以通过导诊询问，请他指导你挂号；还可以通过百度寻找你所在的城市或者你想去的城市的医院，打开它们的网站，选择你认为好的医生，点开网上挂号系统挂号，到时你就可以直接去看病了。支付宝页面点击城市服务，进入"挂号"页面，选择需要的功能（图3-92）。

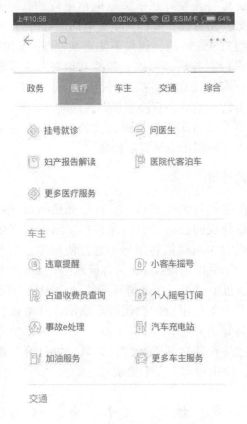

图3-92　进入"挂号"页面

当智能手机安装了支付宝、微信等网上金融软件，点击城市服务，只要打开生活缴费这些软件的链接窗口，找到水、电、煤气的网上支付平台，填写你的水表、电表、煤气表的号码，建立自己的账户，设置密码就可以缴费（具体步骤应根据智能手机的提示操作）（图3-93）。

图 3-93 生活缴费

第十一节　气象平台

你还可以通过下载气象平台，随时随地了解你所在的地方的天气情况，也可以了解未来几天的天气预报，为你生产、出行提供参考。目前人们常用的气象平台有中国天气网、墨迹天气手机版等。

使用 360 手机助手，下载、安装气象 App 软件。完成后就可以使用。这些天气网站，可以为农民种植、养殖生产提供科学的气象条件情况，使我们减少因为天气带来的损失，也为农业生产减少天气灾害提供了早预防、早保护的条件。

这些天气网站，还能够为你提供所在地方的空气质量，随时随地发布天气情况，也可以帮助你了解你要去的城市的现时或者几小时后的天气情况，为你的出行提供帮助。

第十二节　法律实用工具

"口袋律师"是一款提供法律咨询的 App。相比于传统的法律咨询服务，口袋律师注重于帮助用户定位问题、分析问题，尽快耐心细致地回答用户的法律问题、降低用户解决问题的成本。口袋律师的用户无须担心心仪的律师是否忙碌，无须担心挑选的律师不擅长自己的问题，担心律师收费不透明。只需要简单的选择后提交订单，就会有符合条件的专业律师抢单来为您服务，让用户随时都能从口袋中找到律师。

当自己遇到法律问题，需要咨询律师的时候，不知道怎么办时，通过 360 手机助手，下载"口袋律师"App、安装后，点击"我的"按钮，进入一个登入页面注册，点击"60 秒找律师，进入咨询分类"（图 3-94）。

图 3-94　登入页面注册

　　如果不清楚自己属于哪类问题，点击"不清楚分类　直接问律师"（图 3-95）。

　　选择咨询方式，不同的咨询方式不同费用不同（图 3-96）。

图 3-95 直接问律师

通过点击"消息"按钮，进入消息页面，有您咨询的问题，律师给出的反馈建议（图 3-97）。

图 3-96　选择咨询方式

图 3-97　进入消息页面

第四章 互联网在农业生产中的应用

第一节 互联网培育生产服务新功能

一、打造现代农业服务平台，实现"三农"信息进村入户

依托供销系统，以网站、微信、App 等形式为载体，搭建网上现代农业综合信息服务平台，实时动态发布农产品供求信息、价格行情、农资市场、政策法规等信息，通过互联网为农民提供农产品生产、种植管理、技术支持、农业保险、问题解答等一系列信息服务，依托现代农业综合服务中心，拓展网上在线服务功能，实现线上线下双向联动，从而进一步完善产业结构、优化资源配置、促进农业科技进步。同时，还需要加大信息服务平台的推广宣传力度，以基层供销社为枢纽，建立乡、镇、村服务网点，深入每村每户，真正做到"三农"信息互联互通，有效缩小城乡数字鸿沟，促进城乡发展一体化。

二、建设现代农业数据云，优化农产品供给需求

2017 年中央一号文件指出："农业的主要矛盾由总量不足转变为结构性矛盾，突出表现为阶段性供过于求和供给不足并存，矛盾的主要方面在供给侧。"市场需求饱和，致使几十亩的大白菜只能烂在土地上，蔬菜的市场价还抵不过收割的人力成本，成千上万斤的土豆因卖不出去，只能眼睁睁看着它发芽等，这些现象并不少见。一些老百姓只会一味地跟风，缺少理性的分

析，别人种什么，他也跟着种什么，结果产量上去，销量却一直走低。搭建现代农业数据云平台，凭数据说话，而不是一味地盲目跟从，可以有效防止该现象的发生，实现个性化生产、数字化生产、精准化生产，紧紧围绕市场需求变化，调优农产品结构，消除无效供给，增加有效供给，减少低端供给，拓展中高端供给，逐渐由传统的先种后卖、种什么就卖什么的供给模式转变为互联网时代下的先卖后种、卖什么就种什么的供给模式和生产经营体系。

三、建设网上农民学院，培育新型职业农民

据人社部统计，截至 2018 年年末，全国农民工总数达 2.82 亿人，其中外出农民工 1.69 亿人，农村百姓一心想着走出大山，城市居民又不肯走进农村，加上人口不断老龄化，常年下来，留在农村的是"386199"部队，农村慢慢走向"空心化"趋势。2017 年 1 月 9 日，农业部印发《"十三五"全国新型职业农业培育发展规划》明确提出，到 2020 年，全国新型职业农民数量要发展到 2 000 万人。新常态下，培育和发展新型职业农民志在必行、行在必得，它是深化农村改革、增强农村发展活力的重大举措，也是发展现代农业、保障重要农产品有效供给的关键环节。建设"互联网+"现代职业农民培训体系，借助"互联网+"的强大引擎，与信息化发展同步构建职业农民开放教育培训体系，积极开发全省乃至全国开放教育培训中心平台，提供海量的教育培训资源，内容涵盖涉农专业的高质量教师授课、实验实习、现场体验、学习测试和考核等各类优质教学课件，让农民低成本、方便快捷地获取网络课程等优质培训资源，为农民提供农业生产和经营等全过程的教育培训。积极挖掘和培育农村实用人才、农村创业人才，形成一支爱农、为农、兴农的高素质农业生产经营者队伍，为农业现代化建设提供坚实人力基础和保障。

四、打造网上庄稼医院，完善农产品线上线下诊断体系

充分利用移动互联发布便捷、传播快速、覆盖面广的特性，把农产品病害诊断体系搬到互联网上，结合地区实体庄稼医院，实现线上线下同步服务、优势互补，构建省、市、乡镇、村四级庄稼医院网络体系，依托科研院校、农业部门、农资集团等机构，邀请"三农"专家坐诊网上庄稼医院，实现"网诊、坐诊、巡诊"三诊合一，全方位无间隙为农服务。老百姓可以利用手机将农产品病害通过图文的形式上传到平台，网上庄稼医院将有专家医生及时解答病害原因，并提出诊治的方法，同样，了解病害的其他农户也可以解答问题，真正做到信息互联互通、共享共治。近些年，一些地区也相继推出了以网站、移动 App 等为载体的网上庄稼医院，但是网上庄稼医院还是一个新的起步，平台还不够成熟、推广力度还不够、百姓参与度也不高，需要不断探索和改进。随着移动互联的跨越式发展，网上庄稼医院必将成为现代化农业健康、快速、稳定发展的趋势。

第二节　互联网大数据实现农业精准生产

"农业具有两大特性——时间波动性和空间差异性。利用数据可以将这两大特性进行描述和预测，并应对其带来的潜在风险，实现我们所讲的'天时地利人和'，即适应天气、地理的变化，最大程度发挥人力效率。"佳格公司 CEO 张弓博士向《第一财经日报》记者表示。在信息化时代，充分利用大数据、云计算等互联网技术，结合高科技现代化农业生产技术，用指数防控，看数据说话，实现大数据"武装"农业精准生产，"靠天吃饭"的生产观念终将成为历史。在农作物监测上，可以通过传感技术对地表辐射和反射的电磁波信息进行收集处理并最终形成卫星影像图，结合农作物的叶面指数、太阳光合有效辐射

等指标，便可以观察植物类别、长势、光合作用的强弱、土壤水分含量等，帮助农民及时发现和解决农田及农作物存在的问题。在农产品生产上，可以通过收集分析降水、温度、土壤种类等农业生产环境及农作物生长周期等本体感知数据，利用节水、节药、节肥、节劳动力等节本增效信息化应用技术，开展基于大数据技术的智能分析，指导农业精准生产，实现合理使用农业资源、提高农业投入品利用率、降低生产成本、改善生态环境、提高农产品产量和品质的目的。如对土壤进行测量，根据农田土壤具体数据，实现播种、施肥、灌溉、病虫害防治的优化，有效提升农田产量。以小麦施肥为例：当小麦进入生产的关键时期，需要追施拔节孕穗肥，但不少农民缺乏施肥的科学知识，仅凭经验来施肥，有些农民即使麦苗黄了也不敢施肥，害怕迟熟恋青而减产。掌握不好最佳施肥期，不仅未能增产，还出现了较重的病害、虫害和恋青迟熟，导致小麦减产。通过传感技术可以更加详细地监测土壤中的氮元素，帮助农民掌握施肥的最佳时机，农业大数据的有效利用，既节省了肥料资源，也避免了过量化肥的污染。

第三节　农村电商激活产业经济新生态

一、构建农村电商生态体系

2014—2018 年，中央一号文件连续四年提出要发展农村电子商务，其中，2018 年首次直接将农村电商作为一个条目单独陈列出来，指明了农村电商的发展方向。据商务部发布，2016 年全国农村网络零售额达到了 8 945.4 亿元，占全国电商零售总额的 17.4%，比 2015 年农村网购交易额增长近 2 倍，创历史新高。在移动互联网时代，农村网购正在成为新的消费驱动力，农村电商也逐渐成为农业经济发展的重要领域，如何培育农村发展新动能，激活农村经济新生态，加快推进农村电商生态体系建设刻不容缓。一是打造农村电商服务中心。以乡镇级为中心，整合技术支持、培训培育、信息咨询、产品对接、品牌打造、平台网店建设及运维等，做好农村电商服务平台建设，积极培育电子商务示范镇，政策扶持电商村、淘宝村和农村青年电商创业点，实现电子商务进万村，营造良好的农村电商环境和技术支撑。二是实现线下线上农商互联。推动电商企业与农产品生产加工流通企业合作，依托线上电商平台，以消费需求为导向，整合线下农产品仓储、加工、配送资源，打造新型农产品供应链。三是强化农村物流体系建设。充分利用现有村邮站及信息化网点资源，大力发展农村快递网络，建设农村物流服务站，拓展农村产品集聚配送渠道，打通农村物流"最后一公里"，特别是必须加强冷链物流建设，完善优质生鲜冷冻农产品的配送网络。四是拓展农产品网络零售批发市场。建设以淘宝特色馆、网上菜篮子、网上供销社等为载体的农产品网络销售平台，构建多层次的网上农产品批发渠道，积极发展农产品网上批发、大宗交易和产销对接等业务，举办网上农博会、网络购物节等季节性农产品网上促销活动。

二、创新农村电商发展模式

农村地域辽阔经济结构分散，盈利的平衡点也比城市困难的多，农村信息化基础设施薄弱，品牌建设滞后，标准化缺失以及物流配送成本高等都制约着农村电商的发展。农村电商应根据各自需求和定位，利用好地域环境的独特性，自由选择合适自己的发展路径和盈利模式，依托区域农产品特色、乡村文化特色等，改造升级传统电商平台，培育一批品牌型、专业型、可靠型农产品电商平台，不断探索和创新农村电商发展新模式。一是文化内涵树品牌。积极探索和发展文化农业，依托农村地域独特生态资源和人文特征，将文化元素注入到农产品生产的每个环节，实现文化内涵和与农产品的有效融合，借助网站、微信、移动 App 等平台的推广与营销，有效提升农产品的文化价值和品牌影响力。二是可视直播促营销。依靠移动互联网、物联网及现代视频技术塑造可视农业，将农产品生产、加工、包装、销售等全过程呈现公众面前，通过农产品+网络直播等形式，让消费者放心购买优质农产品，可以有效解决信任问题，还可以快速传播推广农产品及品牌。三是休闲观光拓市场。依托移动互联网的传播优势，打造集农园美景、农家美食、农耕体验、文化传承、休闲旅游为一体的现代化休闲农业，充分发挥乡村独特的物质和非物质资源优势，利用互联网+生态采摘游、人文民宿游等形式，培育一批可品、可看、可游的高品质休闲观光农村，开启农村经济发展新引擎，实现一二三产业融合发展。

第四节　应用农业物联网

农业物联网一般应用是将大量的传感器节点构成监控网络，通过各种传感器采集信息，以帮助农民及时发现问题，并且准确地确定发生问题的位置，这样农业将逐渐地从以人力为中心、依赖于孤立机械的生产模式转向以信息和软件为中心的生产模式，从而大量使用各种自动化、智能化、远程控制的生产设备。

一、物联网的概念

物联网是新一代信息技术的重要组成部分，也是"信息化"时代的重要发展阶段。其英文名称是："Internet of Things（IoT）"。顾名思义，物联网就是物物相连的互联网。这有两层意思：其一，物联网的核心和基础仍然是互联网，是在互联网基础上延伸和扩展的网络；其二，其用户端延伸和扩展到了任何物品与物品之间，进行信息交换和通信，也就是物物相息。

物联网通过智能感知、识别技术与普适计算等通信感知技术，广泛应用于网络的融合中，也因此被称为继计算机、互联网之后世界信息产业发展的第三次浪潮。物联网是互联网的应用拓展，与其说物联网是网络，不如说物联网是业务和应用。因此，应用创新是物联网发展的核心，以用户体验为核心的创新2.0是物联网发展的灵魂。

活点定义：利用局部网络或互联网等通信技术把传感器、控制器、机器、人员和物等通过新的方式联在一起，形成人与物、物与物相联，实现信息化、远程管理控制和智能化的网络。物联网是互联网的延伸，它包括互联网及互联网上所有的资源，兼容互联网所有的应用，但物联网中所有的元素（所有的设备、资源及通信等）都是个性化和私有化。

二、农业物联网发展需求与趋势

作为农业信息化发展高级阶段的农业物联网正展现出其蓬勃的生命力，随着农业物联网关键技术和应用模式的不断熟化，农业物联网正从起步阶段步入快速推进阶段。科学分析农业物联网发展面临的机遇和挑战，准确把握农业物联网趋势和需求，针对性制定推进农业物联网发展的相关对策，对推动我国现代农业发展具有重要意义。

农业物联网关键技术与产品的发展需经过一个培育、发展和成熟的过程，其中培育期需要2~3年，发展期需要2~3年，成熟期需要5年，预计农业物联网的成熟应用将出现在十三五末期即2020年左右。总体看来，我国农业物联网的发展呈现出技术和设备集成化、产品国产化、机制市场化、成本低廉化和运维产业化的发展趋势。

（一）更透彻的感知

随着微电子技术、微机械加工技术（MEMS）、通信技术和微控制器技术的发展，智能传感器正朝着更透彻的感知方向发展，其表现形式是智能传感器发展的集成化、网络化、系统化、高精度、多功能、高可靠性与安全性趋势。

新技术不断被采用来提高传感器的智能化程度，微电子技术和计算机技术的进步，往往预示着智能传感器研制水平的新突破。近年来各项新技术不断涌现并被采用，使之迅速转化为生产力。例如，瑞士 Sensirion 公司率先推出将半导体芯片（CMOS）与传感器技术融合的 CMOSens 技术，该项技术亦称"Sensmitter"，它表示传感器（sensor）与变送器（transmitter）的有机结合，以及美国 Honeywell 公司的网络化智能精密压力传感器生产技术，美国 Atmel 公司生产指纹芯片的 Finger ChipTM 专有技术，美国 Veridicom 公司的图像搜索技术（物 L2 联网 Seek TM）、高速图像传输技术、手指自动检测技术。再如，US0012 型智能化超声波干扰探测器集成电路中采用了模糊逻辑技术（Fuzzy-Logic Techniques，FLT），它兼有干扰探测、干扰识别和干扰报警这三大功能。

多传感器信息融合，即单片传感器系统，即通过一个复杂的智能传感器系统集成在一个芯片上实现更高层的集成化。如美国 MAXIM 公司推出的 MAX1458 型数字式压力信号调理器，内含 E2PROM 能自成系统，几乎不用外围元件即可实现压阻式压力传感器的最优化校准与补偿。MAX1458 适合构成压力变送器/发送器及压力传感器系统，可应用于工业自动化仪表、液压传动系统、汽车测控系统等领域。

智能传感器的总线技术现正逐步实现标准化、规范化，目前传感器所采用的总线主要有以下几种：Modbus 总线、SDI-12 总线、1-Wire 总线、I2C 总线、SMBus、SPI 总线、Micro Wire 总线、USB 总线和 CAN 总线等。

（二）更全面的互联互通

农业现场生产环境复杂，涉及大田、畜禽、设施园艺、水产等行业类型众多，所使用的农业物联网设备类型也多种多样，不同类型、不同协议的物联网设备之间的更全面有效的互联互通是未来物联网传输层技术发展的趋势。

无线传感器网络和 3G 技术是未来实现更全面的互联互通的关键技术。基于无线技术的网络化、智能化传感器使生产现场的数据能够通过无线链路直接在网络上进行传输、发布和共享，并同时实现执行机构的智能反馈控制，是当今信息技术发展的必然结果。

无线传感器网络无论是在国家安全，还是国民经济诸方面均有着广泛的应用前景。未来，传感器网络将向天、空、海、陆、地下一体化综合传感器网络的方向发展，最终将成为现实世界和数字世界的接口，深入到人们生活的各个层面，像互联网一样改变人们的生活方式。微型、高可靠、多功能、集成化的传感器，低功耗、高性能的专用集成电路，微型、大容量的能源，高效、可靠的网络协议和操作系统，面向应用、低计算量的模式识别和数据融合算法，低功耗、自适应的网络结构，以及在现实环境的各种应用模式等课题是无线传感器网络未来研究的重点。

目前农业物联网系统一般采用通用分组无线业务（GPRS）来进行数据的传输。GPRS 通常称为 2.5 代通信系统，它是向第三代移动通信技术（3G）演进的产物，其速率通常为 100kbps 左右。3G 技术关键在于服务，农业物联网是 3G 网络非常重要的应用。它的发展一方面需要可靠的数据传输，另一方面需要借助 3G 网络提供相应的服务。因此与 3G 乃至 4G 通信技术的结合是双方发展的需求，是未来发展的方向。

尽管目前 3G 技术在我国还处于起步阶段，但随着 TD-SC-DMA、WCDMA、CDMA2000 网络在我国多个城市的试商用成功，可以预见 3G 技术在不久的将来将会应用农业物联网的数据传输和服务提供中，届时农业物联网应用系统容量将会大大增加，通信质量和数据传输速率也将会大大提高。

（三）更深入的智慧服务

农业物联网最终的应用结果是提供智慧的农业信息服务，在目前众多的物联网战略计划与应用中，都强调了服务的智慧化。农业物联网服务的智慧化必须建立在准确的农业信息感知理解和交互基础上，当前以及以后农业物联网信息处理技术将使用大量的信息处理与控制系统的模型和方法。这些研究热点主要包括人工神经网络、支持向量机、案例推理、视频监控和模糊控制等。

从未来农业物联网软件系统和服务提供层面的发展趋势看，主要解决针对农业开放动态环境与异构硬件平台的关系问题，在开放的动态环境中，为了保证服务质量，要保证系统的正常运行，软件系统能够根据环境的变化、系统运行错误及需求的变更自身的行为，即具有一定的自适应能力，其中屏蔽底层分布性和异构性的+间件研发是关键。从环境的可预测性、异构硬件平台、松耦合软件模块间的交互等方面出发，建立农业物联网中间件平台、提高服务的自适应能力，以及提供环境感知的智能柔性服务正成为农业物联网在软件和服务层面的研究方向和发展趋势。

（四）更优化的集成

农业物联网由于涉及的设备种类多，软硬件系统存在的异构性、感知数据的海量性决定了系统集成的效率是农业物联网应用和用户服务体验的关键。随着农业物联网标准的制定和不断完善，农业物联网感知层各感知和控制设备之间、传输层各网络设备之间、应用层各软件中间件和服务中间件之间将更加紧密耦合。随着 SOA（Service Oriented Architecture）、云计算以及 SaaS、EAI（Enterprise Application Integration）、M2M 等集成技术的不断发展，农业物联网感知层、传输层和应用层三层之间也将实现更加优化的集成，从而提高从感知到传输到服务的一体化水平，提高感知信息服务的质量。

三、物联网的关键技术

在物联网应用中有三项关键技术。

(一)传感器技术

这也是计算机应用中的关键技术。大家都知道，到目前为止绝大部分计算机处理的都是数字信号。自从有计算机以来就需要传感器把模拟信号转换成数字信号计算机才能处理。

(二) RFID 标签

也是一种传感器技术，RFID 技术是融合了无线射频技术和嵌入式技术为一体的综合技术，RFID 在自动识别、物品物流管理方面有着广阔的应用前景。

(三) 嵌入式系统技术

是综合了计算机软硬件、传感器技术、集成电路技术、电子应用技术为一体的复杂技术。经过几十年的演变，以嵌入式系统为特征的智能终端产品随处可见；小到人们身边的 MP3，大到航天航空的卫星系统。嵌入式系统正在改变着人们的生活，推动着工业生产以及国防工业的发展。如果把物联网用人体做一个简单比喻，传感器相当于人的眼睛、鼻子、皮肤等感官，网络就是神经系统用来传递信息，嵌入式系统则是人的大脑，在接收到信息后要进行分类处理。这个例子很形象的描述了传感器、嵌入式系统在物联网中的位置与作用。

四、物联网应用模式

根据其实质用途可以归结为两种基本应用模式。

(一)对象的智能标签

通过 NFC、二维码、RFID 等技术标识特定的对象，用于区分对象个体，例如在生活中我们使用的各种智能卡，条码标签的基本用途就是用来获得对象的识别信息；此外通过智能标签还可以用于获得对象物品所包含的扩展信息，例如智能卡上的金额余额，二维码中所包含的网址和名称等。

（二）对象的智能控制

物联网基于云计算平台和智能网络，可以依据传感器网络获取的数据进行决策，改变对象的行为进行控制和反馈。例如根据光线的强弱调整路灯的亮度，根据车辆的流量自动调整红绿灯间隔等。

第五章 农产品电子商务与网络营销

第一节 电子商务进农村

一、电子商务提升农业竞争优势

基于信息系统整合的农业电子商务系统集各种专项系统的功能，为农户提供全方位服务，帮助农户以市场需求为指导，合理管理资源，安排生产，及时响应市场需要。它是一种全新理念和技术的结合，将突破传统管理思想，为农业带来全新竞争优势。

（一）速度优势

基于系统整合的农业电子商务系统按整合的观念组织生产、销售、物流方式，最快速度响应客户需求，给农业带来速度优势。

（二）顾客资源优势

传统农业生产经营是被动的，没有着眼于客户，更没将客户做为资源纳入管理。整合的农业电子商务系统可通过各种方式收集客户及市场信息，为企业提供最直接最有价值的信息资源。

（三）个性化产品优势

整合的电子商务系统可以解决个体生产难以解决的品种单一问题。实现多产品、少批量、个性化生产。首先它可在互联网支持下形成一套快速生产加工运输销售计划；其二，在信息技术支持下，农户和农业企业可根据市场战略随时调整产品、重新组合、动态演变，适应市场变化。其三，柔性管理可实行职能重新组合，让每个农户或团队获得独立处理问题的能力，通过整合各类专业人员的智慧，获得团队最优决策。技术、组织、管理三方面的结合，使个性化农业生产成为现实。

（四）成本优势

整合的电子商务系统解决了产品个性化生产和成本是一对负相关目标这一矛盾。低生产成本、零库存和零交易成本，使农户在获得多样化产品的同时，获得了低廉的成本优势。综合上述，中国农业发展呼吁一套集企业管理思想和各种信息系统于大成的，投资少、实用的电子商务系统。

农户甚至不用自己拥有网络设施和管理系统，只要在乡政府中心机房就可以实现农户个体管理企业化，电子商务化。

二、电子商务加速农村经济进步

（一）降低农业生产风险，促进农业产业化

我国目前的农业生产基本是以家庭为单位的小规模生产，农业生产者之间基本上不存在信息交流，农户往往凭借自己往年的价格经验来选择生产项目，确定生产规模。

农业产业化的实质是市场化，即以市场为导向，在农产品的生产和流通过程中实现生产、加工、销售一条龙，在经济利益上依据平均利润率的产业化组织原则实现生产、加工、销售一体化，即形成生产和流通利益共同体，把农户与市场联结在一起。通过电子商务强大的网络功能，跨越时间和地域的障碍，使农产品供需双方及时沟通，农业生产者能够及时了解市场信息，根据市场需求情况合理组织生产，以避免因产量和价格的巨大波动带来的效益不稳定，降低农业生产风险。农业产业化不同于计划经济条件下的农业生产经营方式，必须以市场需求

为导向，优化调整农业结构，生产适销对路的产品，按市场机制配置生产要素，并要求农业产业化经营的各个环节和过程按市场机制组织活动。

（二）拓宽农产品销售渠道，减少环节，提高农业效益

我国目前的农产品流通体系尚不健全，因此农产品销售仍然存在着渠道窄、环节多、交易成本高、供需链之间严重割裂等问题。通过电子商务实现农业生产资料信息化，互联网将市场需求信息准确而又及时地传递给买卖双方，同时根据生产量需求信息传递给供应商适时补充供给。在业务模式上，提供了交易市场、农产品直销、招标等交易模式，自行选择最适合自己的方式，真正实现电子商务的效能。

（三）形成新型的农产品流通模式，促进相关行业的发展

我国农产品交易链及其通路过程存在环节多、复杂、透明度不高、交易信息对称性较差等问题。产业发展的基础是生产，但市场和流通是决定产业发展的关键环节。农产品流通不畅已经成为阻碍农业和农村经济健康发展、影响农民增收乃至农村稳定的重要因素之一。农产品的卖难及农产品的结构性、季节性、区域性过剩，从流通环节看，主要存在两个问题：一是信息不灵，盲目跟风。市场信息的形成机制和信息传播手段落后使农户缺少市场信息的指导。二是农产品交易手段单一，交易市场管理不规范。现在传统的方式主要是一对一的现货交易，现代化的大宗农产品交易市场不普及，期货交易、远期合约交易形式更少。通过建立以计算机联网为基础的农产品市场信息网络，实现网络营销和网上支付。保证了各地农产品销路畅通、供销协调。透明化的价格可以提高网上交易量从网上获取产品和价格信息将增加产品的可比性和价格的透明度。由于不同地理位置产生的价格差别也将因不断增加的竞争而减小。

这将在生产资料价格上有利于农民，但是不利于其所生产的农产品价格。这就造成这样一个特别的现象：哪里存在许多

有差别的农产品并有经常性的供给，哪里就需要生产资料供应专家为其服务。

三、农业电子商务社会经济效益

（一）农业电子商务的直接效益

1. 降低管理成本

电子商务通过电子手段、电子货币，大大降低了传统的书面形式的费用，节约了单位贸易成本。有统计显示，使用电子商务方式处理单证的费用是原来书面形式的1/10，可以有效节约管理成本。

2. 降低库存成本

可以实现"零库存"，大量的农产品库存意味着农业企业流动资金占用和仓储面积的增加，利用电子商务可以有效地管理农业企业库存，降低库存成本，这是电子商务在农业企业的生产和销售环节最突出的一个特点。通过电子商务还可以减少农产品库存的时间、降低农产品积压程度，进而可以实现"零库存"，库存量的减少意味着农业企业在原材料供应、仓储和管理开支上将实现大幅度的节省，尤其是在土地价格不断上涨的今天，更可以节约大量成本。

3. 降低采购成本

利用电子商务进行采购，可以降低大量的劳动力和邮寄成本，据统计，施乐、通用汽车、万事达信用卡3个不同行业、不同性质的企业，通过电子商务在线采购后，成本分别下降了83%、90%和68%。

4. 降低交易成本

虽然企业从事农业电子商务需要一定的投入（如域名、软件系统、硬件系统的维护费用），但是与其他销售方式相比，使用农业电子商务进行贸易的成本将会大大降低。例如，将互联网当作媒介做广告，进行网上促销活动，可以节约大量的广告费用而扩大农产品的销售量。同时农业电子商务进行交易，可以不分时间、空间的限制，全天候地进行网上交易。

5. 时效效益

通过农业电子商务，能够使交易双方提前回笼货品的应收账款，从而节约一大笔资金占用成本。时效效益的大小通常根据商家应收账款的数量和提前回笼时间的长短来估算。

6. 扩大销售量

通过电子商务，农产品可以打破地域的限制，扩大销售量，为农业企业获取更多的利润。

（二）农业电子商务的间接效益

1. 更好地客户关系管理

通过电子商务在互联网上介绍产品，可以为客户提供农产品的技术支持，客户可以自己查询已订购农产品的处理信息，这一方面使客户服务人员从繁琐的日常事务中解放出来，去更好地处理与客户的关系。而且使客户更加满意。

2. 促进信息经济的发展和全社会的增值

农业电子商务是目前信息经济中最具前途的发展趋势，是未来的农产品贸易发展方向，必将推动农业信息经济的发展。同时农业电子商务还大幅度增加世界各国的农产品贸易活动，大大提高农产品贸易环节中多数交易的成交数量。

3. 其他收益

除此之外，农业电子商务还有很多难以测算的其他收益。例如，实施电子商务后，由于信息迅速、准确的传递，而获得的一系列的成本节约或收益。如广东农业企业专题信息发布、网站广告发布、定制信息分析服务、交易佣金等。

四、电子商务促进特色农业发展

有学者认为，决定一个产业竞争能力的因素主要有 5 个，即供应商、经销商、消费者、现有生产商、潜在进入者，这 5 种力量的彼此竞争决定了该产业发展的前景态势。那么，在电子商务环境下，特色农业的这 5 种力量会发生什么样的变化？

（一）电子商务对消费者的影响

电子商务环境下，消费者通过互联网可以了解众多商品的信息，而且对具体商品的各种功能与特征可以很方便地得到，因此，消费者的消费自主性得到极大的提升，个性化需求成为消费者的一个显著特点。而特色农产品由于其地域或功能的独特性，易于吸引消费者的目光。特别是主打绿色健康概念的特色农产品，很容易受到消费者的青睐。互联网成为人们工作、生活不可替代的工具，网上购物也成为消费者购物的新潮流。特色农产品的网上销售模式成为可能，从而使以往局限于特定地域的特色农产品通过互联网能够面向全球市场，销售半径的扩展使得扩大销售量成为可能。而网上店铺每天 24 小时在线商品展示及销售可以极大地节约销售成本。直接面向消费者也利于收集消费者对于产品各方面的意见，对于产品质量的改进有着极为重要的作用。

（二）电子商务对于生产商的影响

电子商务使生产商得以面对全球化的市场，一方面扩大了其销售半径，但另一方面也使其面临着全球化的竞争，以前特色农产品生产商的竞争对手可能主要局限于某一特定地域，而如今其将面临全球各地特色农产品的竞争，市场竞争的加剧势必影响各自市场占有率，进而影响着各自的效益。因此，产品之间的差异性变得更加重要，谁的产品更能满足消费者需求，谁就能在市场上获得更大的收益。互联网为特色农产品培育新的顾客群体提供了廉价的信息发布渠道，网上虚拟商店能以极低的成本每天 24 小时向消费者展示产品的特色。同时消费者使用后的反馈意见也可以很方便地在论坛上得以展现，网络口碑的传播能方便地为企业带来更多的新客户。

（三）电子商务对供应商的影响

特色农业的供应商主要是如种子、化肥、生产加工机械等相关生产资料的提供者，电子商务环境下，特色农产品的生产商通过互联网络可以很方便地采购到所需的各种生产资料，而且能够货比多家，因而议价能力得以提升，价格更实惠。

（四）电子商务对经销商的影响

网上店铺直销方式的存在降低了特色农产品对传统商业模式中经销商的依赖，因而也能增加生产商对经销商的议价能力，同时互联网信息的快速传递，也易于生产商对经销商的沟通与掌控。

（五）电子商务对潜在进入者的影响

电子商务的出现，使传统特色农产品的利益市场全球化，市场容量的扩大为规模效益的实现提供了可能。另外其对上下游环节的有效沟通提供了低成本且有效的方式，一定程度上降低了新进入者成本，从而会有更多瞅准商机的企业进入这一市场。

第二节　网上开店

一、农产品网购流程

农产品网购是指在互联网电子商务平台上，进行农产品的购买及支付费用。在我国电子商务发展中，大多数农产品电子商务平台主要为用户提供网络购买业务，同时在农村以代购业务的形式促进农产品电子商务的普及与推广。

农村农产品网购基本流程如下。

第一步开通网上银行。任何一家银行都有办理，先去银行办理可以网上交费、网上交易、网上购物等功能的银行卡，银行会给予一个设备（如 K 宝、动态口令卡等），然后用电脑激活网上银行功能（详细步骤银行会给予指导）（以农行为例，见图5-1）。

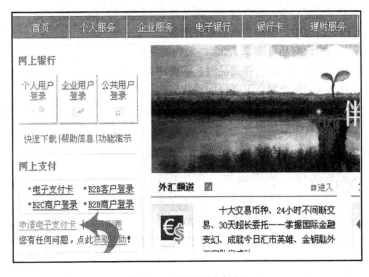

图 5-1 开通网上银行

第二步注册账户。开通网上银行后，就到任意一家农产品网络平台注册账户，目前常用农产品以及其他商品网上购物平台有淘宝网、京东网等。大多数网站要求用真实姓名和身份证等有效证件注册。

第三步开通支付宝，支付宝致力于为中国电子商务提供各种安全、方便、个性化的在线支付解决方案。以淘宝网为例，淘宝网上支付宝是作为第三方支付平台（需注册账号）。意思是当购买者购物付款时将钱付给支付宝，而不是直接支付给卖家，只有当购买者收到货后或到规定时间才把钱从支付宝转给卖家，激活支付宝即可。

第四步为支付宝转账。有了支付宝账户和网上银行账户后，用户可以把银行的钱转到支付宝中，为购买商品做好准备。

第五步搜索商品。一般购物网站都会把商品称为宝贝，因此当购买者登录到购物网站在选择商品时，需要注意的是，要找信誉高的卖家，不仅仅看卖家是几个钻几个星，也要仔细看货品购买的评价，选好货品后可以看该卖家的信用评价，同时注意产品后是否有带有"如实描述""七天退货"等字眼，保障购买货品的各项后续服务。

第六步，购买商品。选择好商品后，可以先向卖家询问商品详情与价格，确定好价格后点击"立即购买"键，进入付款界面，填写收货详细信息，可事先与卖家沟通好选择的物流方式（平邮、EMS、各类快递），确认选择的物流方式可以送达手中。填完具体资料后，点击"用网银支付"或"用信用卡"支付，然后选择购买者银行卡对应的银行，然后进入付款界面，输入银行卡号，显示的如果是购买者的账户名就证明卡号没有输入错误。这时的付款就是将钱付给支付宝，不是给卖家。建议付款的时候用支付宝，为保证支付安全，等货品到手后再确认付款。

第七步，确认收货，见图5-2。点击支付后，购买者就将钱付给了网站，直到购买者确认收到货品且不退换后，再点击"确认收货"。这就算完成一次网购。

二、农产品网店开设

现有的农产品电子商务模式包括 B2B、B2C、C2C、O2O 等，尤其是 B2C 与 C2C 模式直接面对消费者，属于网络零售，一般以依附购物平台，通过建立网店进行农产品零售的形式更为大众化，网店经营者可以充分利用平台已有的客户资源、商业资源进行产品推广和销售，第三方购物平台对商户进行统一

图 5-2 确认收货

管理，使交易过程更为安全可靠，因此，受到中小农产品经营者和消费者的青睐。

就农产品营销方式来说，购物平台农产品营销方式更为丰富，网站除为卖家提供传统的节日促销、店铺推荐等多种营销方式外，也相继推出不同的营销方式，兴起了不同的营销模式，促进农产品电子商务的发展。如 F2O（Focus to Online）模式，即"焦点事件+电子商务"，焦点事件在电视等媒体形成扩散效应，电商平台迅速推出相应产品（如美食、服饰等），满足瞬间激增的新需求，从而进一步推动热点事件的升温，形成媒体和电子商务的良性互动。2012 年《舌尖上的中国》播出时，地方美食快速成为焦点，消费者在电视媒体的刺激下，引发购美食热。此前冷门的地方特产销售量迅速增长，阿里平台上，云南诺邓火腿在纪录片播出后 5 天内，成交量增加了 4.5 倍。不仅提高了网店收入，还提升了网店的知名度和口碑，为网店进一步的营销推广提供了条件。

预售模式，此类销售模式适用于生鲜农产品，很多网站平台已经通过与农业合作社、农场建立合作关系，采用预售模式为农业生产者提供销售渠道。其交易流程是在生鲜农产品尚未收获的时候，就提前在网上进行售卖，收集完订单后，生产地的农民才开始根据订单需求采摘并安排发货，将农产品运送到消费者手中。预售模式将原产地生产者和消费者直接联系到了一起，产地实现按需供应，减少了中间环节，降低农产品的库存风险、生产成本。

开店基础操作，分为账号注册、开店认证、了解交易流程三大部分。

三、账号注册

账号注册入口在淘宝网首页左上角，有"免费注册"入口。正式注册时会有一个注册协议，如图 5-3 所示。

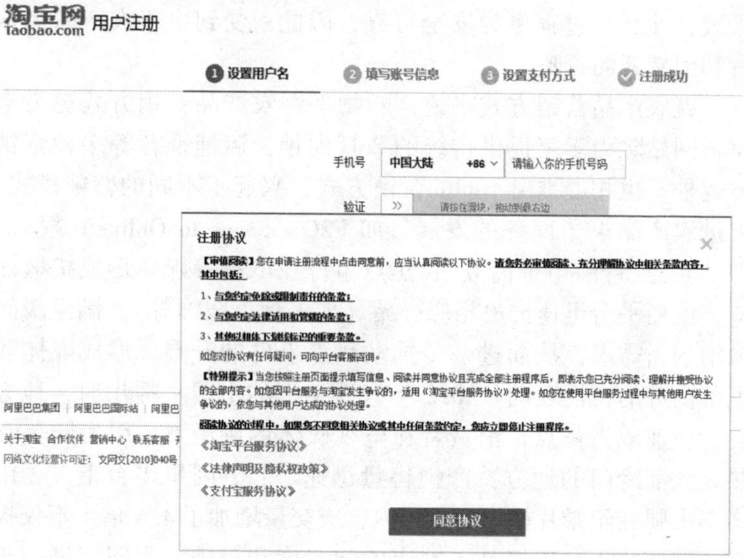

图 5-3　注册协议

单击"同意协议"按钮，用户可以选择通过手机验证和邮箱验证，淘宝会默认优先选择手机认证。

　　验证完之后需要填写账户信息，设置用户名和密码。注意，所设置的账号将会与支付宝直接绑定，登录密码可用于登录支付宝，如图5-4所示。

图5-4　填写账户信息

四、开店认证

　　开店分淘宝开店和天猫开店两大类。

　　其中淘宝分为：个人店铺和企业店铺。

　　天猫分为：专营店、专卖店和旗舰店。

　　淘宝与天猫一共为两大类五小类店铺。

　　在开店之前，必须先将支付宝实名认证流程走完。在支付宝实名认证之后，在淘宝用户可以选择是个人店铺还是企业店铺，如图5-5所示。

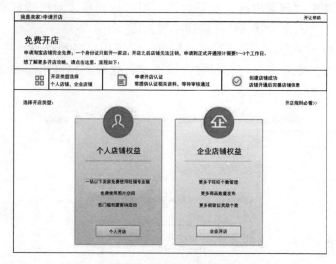

图 5-5　淘宝店铺选择

（一）个人店铺开店

单击"个人店铺（集市店铺）开店"按钮，会进入下一个审核界面，系统将审核用户的开店条件，如图 5-6 所示。

图 5-6　开店认证

淘宝开店要进行身份验证。对于身份证照片的拍摄，需要特别注意以下几点。

　　（1）身份证正面照要求如下。炸药包证件的头像要清晰，身份证号码清楚、可辨认；必须和手持身份证为同一身份证；要求原图，无修改。

　　（2）手持身份证照片内的证件文字信息必须完整、清晰，否则认证将无法通过，如图5-7所示。

图5-7　拍照示例

　　（3）身份证有效期根据身份证背面准确填写，否则认证将无法通过，如图5-8所示。

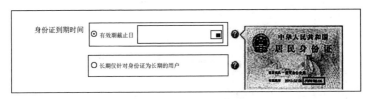

图5-8　日期示例

　　身份证背面的有效期不是长期的用户不要选择"长期"，否则审核无法通过。

　　（4）在以下页面填写完所有所需的资料后，单击页面下方的"提交"按钮，然后等待认证结果。

淘宝网会在 48 小时内为用户完成认证，如图 5-9 所示。

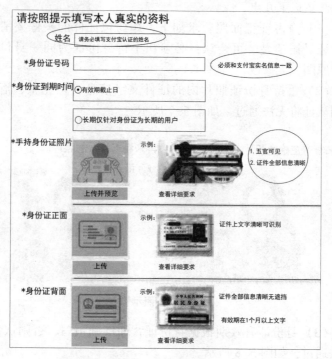

图 5-9　认证界面

(二) 企业店铺开店

申请支付宝实名认证 (公司类型) 服务的用户应向支付宝公司提供以下资料。

以法人名义申请认证：应提供营业执照、法人身份证件 (或身份证件复印件/盖有公司公章)、银行对公账户。

(1) 打开 https：//auth. alipay. com，登录支付宝账户，单击 "免费注册"，如图 5-10 所示。

(2) 单击 "立即认证" 按钮，如图 5-11 所示。

(3) 单击 "开始认证" 按钮，如图 5-12 所示。

图 5-10　实名申请

图 5-11　实名认证

图 5-12　开始认证

（4）填写企业的基本信息和法人信息，如图5-13所示；"商家认证公司名称"一栏不支持填写中间的"?"（温馨提示：手机号码仅支持11位数字，且以13/14/15/18开头）。

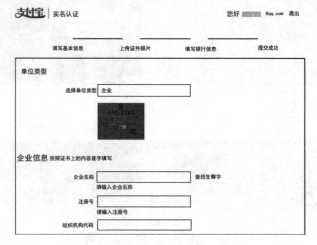

图5-13　填写信息

（5）核对填写无误后，单击"确定"按钮，如图5-14所示。

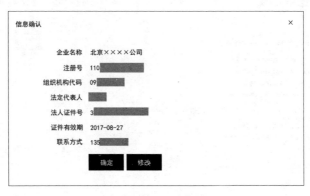

图5-14　单击"确定"按钮

（6）上传营业执照图片和法人证件图片，如图5-15所示。

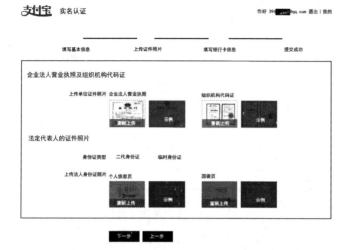

图5-15　上传营业执照和法人证件图片

（7）填写对公银行账户信息，如图5-16所示。

图5-16　填写银行账户

（8）银行卡填写成功，等待人工审核（温馨提醒：须等待人工审核成功后给对公账户开始汇款；若审核不成功，则无法汇款），如图 5-17 所示。

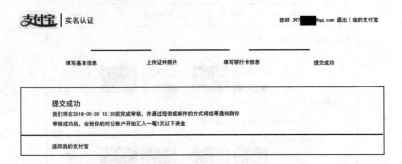

图 5-17　提交成功（一）

（9）人工审核成功后，等待银行卡给公司的对公银行账户打款，如图 5-18 所示。

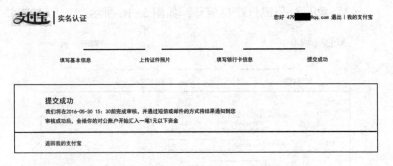

图 5-18　提交成功（二）

（10）填写汇款金额，如图 5-19 所示。

在通过最后的实名认证之后，企业店铺开店流程便正式走完。

支付宝 | 实名认证 您好 北京××××图书有限公司 退出 | 我的支付宝

支付宝于2016年5月30日向该账户汇入1元以下的确认金额,请查询收以明细。如何查看银行账户收支明细?
你有2次输入金额的机会,若两次输错之后,需要更换银行账户重新认证。

对公账户信息 中国建设银行账户(尾号××××)

开户名 北京××××公司

收到金额 0.05 元

确认

图5-19 填写汇款金额

(三) 天猫店铺开店

申请入驻天猫,请先准备以下材料。

支付宝企业认证需要的材料:营业执照影印件、对公银行账户(可以是基本用户或一般用户)、法定代表人的身份证影印件(正反面扫描件)。

如果是代理人,则除了以上的材料,还需要用户的身份证影印件(正反面)及企业委托书。必须盖有公司公章或者财务专用章,不能是合同/业务专用章。

开始正式注册流程,操作如下。

单击"商家入驻"按钮,如图5-20所示。

天猫首页 嗨,欢迎来天猫 请登录 免费注册

天猫商家 | 商家入驻

首页 入驻指南 热招品牌 入驻要求

图5-20 商家入驻

注册一个企业支付宝账号。以上材料要先准备好,下一步才能继续操作,并要满足企业实名认证需要,如图5-21所示。

图 5-21　选择企业账户

确定好天猫店的定位，比如旗舰店、专卖店或者专营店，如图 5-22 所示。

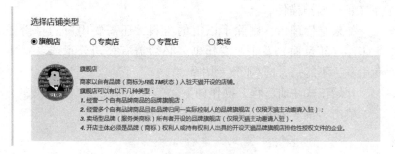

图 5-22　选择哪种天猫店

确定是哪个资质后，准备好资质认证所需要的材料，如图 5-23 所示。

开始申请入驻天猫。填写申请信息，提交资质，选择店铺名和域名，在线签署服务协议，等待审核：天猫 7 个工作日内会给出审核结果。审核通过后还需要办理后续手续：签署支付

> **旗舰店**
>
> 商家以自有品牌（商标为 R 或 TM 状态）入驻天猫开设的店铺。
>
> 旗舰店可以有以下几种类型：
>
> 1.经营一个自有品牌商品的品牌旗舰店；
>
> 2.经营多个自有品牌商品且各品牌归同一实际控制人的品牌旗舰店（仅限天猫主动邀请入驻）；
>
> 3.卖场型品牌（服务类商标）所有者开设的品牌旗舰店（仅限天猫主动邀请入驻）。开店主体必须是品牌（商标）权利人或持有权利人出具的开设天猫品牌旗舰店排他性授权文件的企业。
>
> **专卖店**
>
> 商家持品牌授权文件在天猫开设的店铺。
>
> 专卖店有以下几种类型：
>
> 1.经营一个授权销售品牌商品的专卖店；
>
> 2.经营多个授权销售品牌的商品且各品牌归同一实际控制人的专卖店（仅限天猫主动邀请入驻）。
>
> 品牌（商标）权利人出具的授权文件不得有地域限制，且授权有效期不得早于 2012 年 12 月 31 日。
>
> **专营店**
>
> 经营天猫同一招商大类下两个及以上品牌商品的店铺。
>
> 专营店有以下几种类型：
>
> 1.经营两个及以上他人品牌商品的专营店；
>
> 2.既经营他人品牌商品又经营自有品牌商品的专营店；
>
> 3.经营两个及以上自有品牌商品的专营店。

图 5-23　天猫店所需的资质

宝代扣协议、考试、补全商家档案，冻结保证金，缴纳技术服务年费。之后可以发布商品，店铺上线，如图 5-24 所示。

等待审核

STEP 03		STEP 03
等待天猫审核		**办理后续手续，开店**
开猫 7 个工作日内给到审核结果	>	1. 签署支付宝代付扣协议、考试、补全商家档案
		2. 冻结保证金，缴纳技术服务年费
		3. 发布商品，店铺上线

图 5-24　等待审核

审核通过后，需要缴纳店铺保证金与技术服务费。

天猫经营必须缴纳保证金，保证金主要用于保证商家按照天猫的规范进行经营，并且在商家有违规行为时根据《天猫服务协议》及相关规则规定用于向天猫及消费者支付违约金。保证金根据店铺性质及商标状态不同，金额分为 5 万元、10 万元、15 万元 3 档。

1. 技术服务费年费

商家在天猫经营必须缴纳年费。年费金额以一级类目为参照，分为 3 万元或 6 万元两档，各一级类目对应的年费标准详见《天猫 2019 年度各类目技术服务费年费一览表》。

2. 实时划扣技术服务费

商家在天猫经营需要按照其销售额（不包含运费）的一定百分比（简称"费率"）缴纳技术服务费。天猫各类目技术服务费费率标准详见《天猫 2019 年度各类目技术服务费年费一览表》。

3. 保证金

品牌旗舰店、专卖店：带有 TM 商标的为 10 万元，全部为 R 商标的为 5 万元。

专营店：带有 TM 商标的为 15 万元，全部为 R 商标的为 10 万元。

特殊类目说明：

（1）卖场型旗舰店，保证金为 15 万元。

（2）经营未在中国大陆申请注册商标的特殊商品（如水果、进口商品等）的专营店，保证金为 15 万元。

（3）天猫经营大类"图书音像"的保证金收取方式——旗舰店、专卖店为 5 万元，专营店为 10 万元。

（4）天猫经营大类"服务大类"及"电子票务凭证"，保证金为 1 万元。

（5）"网游及 QQ""话费通信"及"旅游"大类的保证金为 1 万元。

（6）天猫经营大类"医药、医疗服务"，保证金为 30 万元。

（7）天猫经营大类"汽车及配件"下的一级类目"新车/二手车"，保证金为 10 万元。

天猫经营大类包含的一级类目详情请参考《天猫经营大类一览表》。

保证金不足额时，商家需要在 15 日内补足余额；逾期未补足的，天猫将对商家店铺进行监管，直至补足。

4. 年费返还

为鼓励商家提高服务质量和壮大经营规模，天猫将向商家有条件地返还技术服务费年费。返还方式参照店铺评分（DSR）和年销售额（不包含运费）两项指标。返还的比例为 50% 和 100% 两档。具体标准为协议期间（包括期间内到期终止和未到期终止；实际经营期间未满一年的，以实际经营期间为准）内 DSR 平均不低于 4.6 分；且满足《天猫 2016 年度各类目技术服务费年费一览表》中技术服务费年费金额及各档返还比例对应的年销售额（协议有效期跨自然年的，则非 2019 年的销售额不包含在年销售额内）。年费返还按照 2019 年内实际经营期间进行计算。

年销售额是指，在协议有效期内，商家所有交易状态为"交易成功"的订单金额总和。该金额中不含运费，亦不包含因维权、售后等原因导致的失败交易金额。

5. 年费结算

因违规行为或资质造假被清退的不返还年费。

根据协议通知对方终止协议、试运营期间被清退的，将全年年费返还、均摊至自然月，按照实际经营期间来计算具体应当返还的年费。

如商家与天猫的协议有效期起始时间均在 2019 年内的，则入驻第一个月免当月年费，计算返年费的年销售额则从商家开店第一天开始累计；如商家与天猫的协议有效期跨自然年的，则非 2019 年的销售额不包含在年销售额内。

非 2019 年的销售额是，"交易成功"状态的时间点不在 2019 自然年度内的订单金额。

年费的返还结算在协议终止后进行。

"新车/二手车"类目，技术服务年费按照商户签署的《天猫服务协议》执行。

（四）手机店铺开店

在用户开设好淘宝店铺或者天猫店铺后，淘宝后台会帮用户自动生成手机店铺。在淘宝 App 或者天猫 App 中就可以查看到自己的手机端店铺了。

如果要进行装修，则请单击后台"我是卖家"，选择"店铺管理"，再选择"手机淘宝店铺"，之后到后台选择"一阳指"，即可对手机端店铺进行装修了。

五、了解交易流程

在淘宝网购买商品是支持支付宝交易的，用户可放心购买。具体流程简单分为以下四步（不区分境内、境外）。

第一步：拍下宝贝。

第二步：付款（此付款动作是把钱付到支付宝）。

第三步：等待卖家发货。

第四步：确认收货（此动作是在收到货没有问题的情况下，把之前支付到支付宝的钱打款给卖家）。

具体操作步骤如下。

第一步：在购买前如对商品信息有任何疑问，则请先通过阿里旺旺聊天工具联系卖家咨询，确认无误后，再单击"立刻购买"按钮。

第二步：确认收货地址、购买数量、运送方式等要素，单击"确认无误，购买"按钮。

第三步：用户可进入"我的淘宝"→"我是买家"→"已买到的宝贝"页面查找到对应的交易记录，交易状态显示"等待买家付款"。在该状态下卖家可以修改交易价格，待交易付款金额确认无误后，单击"付款"按钮。

第四步：进入付款页面。付款成功后，交易状态显示为"买家已付款"，需要等待卖家发货。

第五步：待卖家发货后，交易状态更改为"卖家已发货"。待用户收到货确认无误后，单击"确认收货"按钮。

输入支付宝账户支付密码，单击"确定"按钮。交易状态显示为"交易成功"，说明交易已完成。

六、农产品手机微店开设

微店有个人微店和企业微店两种。

1. 输入手机号码

同意微店平台服务协议和微店禁售商品管理规范（图5-25）。

图5-25　输入手机号码

2. 接收短信验证码的手机号码确认（图5-26）

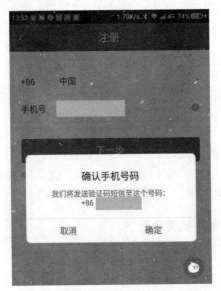

图5-26　验证码

3. 设置您的登入密码（图5-27）

图5-27　设置您的登入密码

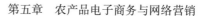

4. 创建店铺

上传头像，取一个自己喜欢的名字作为店铺名，开通担保交易，点击"完成"（图5-28）。

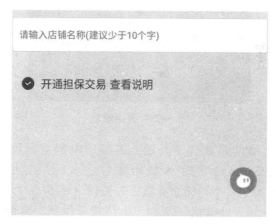

图 5-28　创建店铺

5. 开店成功（图5-29）

图5-29 开店成功

注意：微信企业店的开通，需要用电脑登录网页版微店（d. weidian. com），用个人微店账号登入后，点击"个人资料"。在页面上有个"转企业微店"按钮（图5-30）。

进入"转企业微店"页面，上传营业执照、银行开户许可证扫描件或者照片。按要求填写资料。再按要求完成操作，进行下一步，直到注册成功（图5-31）。

图 5-30　转企业微店

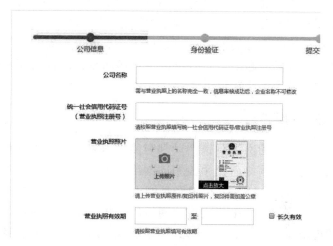

图 5-31　按要求填写资料

第三节　网络营销

一、搜索引擎营销

SEM 是 Search Engine Marketing 的缩写，中文意思是搜索引擎营销。SEM 是一种新的网络营销形式。SEM 所做的就是全面而有效的利用搜索引擎来进行网络营销和推广。SEM 追求最高的性价比，以最小的投入，获最大的来自搜索引擎的访问量，并产生商业价值。

二、交换链接

交换链接或称互换链接，它具有一定的互补优势，是两个网站之间简单的合作方式，即分别在自己的网站首页或者内页放上对方网站的 LOGO 或关键词并设置对方网站的超级链接，使得用户可以从对方合作的网站中看到自己的网站，达到互相推广的目的。交换链接主要有几个作用，即可以获得访问量、增加用户浏览时的印象、在搜索引擎排名中增加优势、通过合作网站的推荐增加访问者的可信度等。更值得一提的是，交换链接的意义已经超出了是否可以增加访问量，比直接效果更重要的在于业内的认知和认可。

三、网络广告

几乎所有的网络营销活动都与品牌形象有关，在所有与品牌推广有关的网络营销手段中，网络广告的作用最为直接。标准标志广告（BANNER）曾经是网上广告的主流（虽然不是唯一形式），进入 2001 年之后，网络广告领域发起了一场轰轰烈烈的创新运动，新的广告形式不断出现，新型广告由于克服了标准条幅广告条承载信息量有限、交互性差等弱点，因此获得了相对比较高一些的点击率。

四、信息发布

信息发布既是网络营销的基本职能，又是一种实用的操作手段，通过互联网，不仅可以浏览到大量商业信息，同时还可以自己发布信息。最重要的是将有价值的信息及时发布在自己的网站上，以充分发挥网站的功能，如新产品信息、优惠促销信息等。

五、邮件列表

邮件列表实际上也是一种 E-mail 营销形式，邮件列表也是基于用户许可的原则，用户自愿加入、自由退出，稍微不同的是，E-mail 营销直接向用户发送促销信息，而邮件列表是通过为用户提供有价值的信息，在邮件内容中加入适量促销信息，从而实现营销的目的。邮件列表的主要价值表现在四个方面：作为公司产品或服务的促销工具、方便和用户交流、获得赞助或者出售广告空间、收费信息服务。邮件列表的表现形式很多，常见的有新闻邮件、各种电子刊物、新产品通知、优惠促销信息、重要事件提醒服务等等。

六、个性化营销

个性化营销的主要内容包括：用户定制自己感兴趣的信息内容、选择自己喜欢的网页设计形式、根据自己的需要设置信息的接收方式和接受时间等。个性化服务在改善顾客关系、培养顾客忠诚以及增加网上销售方面具有明显的效果，据研究，为了获得某些个性化服务，在个人信息可以得到保护的情况下，用户才愿意提供有限的个人信息，这正是开展个性化营销的前提保证。

七、会员制营销

会员制营销已经被证实为电子商务网站的有效营销手段，国外许多网上零售型网站都实施了会员制计划，几乎已经覆盖了所有行业，国内的会员制营销还处在发展初期，不过已经看出电子商务企业对此表现出的浓厚兴趣和旺盛的发展势头。

八、网上商店

建立在第三方提供的电子商务平台上、由商家自行经营网上商店，如同在大型商场中租用场地开设商家的专卖店一样，是一种比较简单的电子商务形式。网上商店除了通过网络直接销售产品这一基本功能之外，还是一种有效的网络营销手段。从企业整体营销策略和顾客的角度考虑，网上商店的作用主要表现在两个方面：一方面，网上商店为企业扩展网上销售渠道提供了便利的条件；另一方面，建立在知名电子商务平台上的网上商店增加了顾客的信任度，从功能上来说，对不具备电子商务功能的企业网站也是一种有效的补充，对提升企业形象并直接增加销售具有良好效果，尤其是将企业网站与网上商店相结合，效果更为明显。

九、病毒性营销

病毒性营销并非真的以传播病毒的方式开展营销，而是通过用户的口碑宣传网络，信息像病毒一样传播和扩散，利用快速复制的方式传向数以千计、数以百万计的受众。病毒性营销的经典范例是。现在几乎所有的免费电子邮件提供商都采取类似的推广方法。

十、论坛营销

论坛营销其实人们早就开始利用论坛进行各种各样的企业营销活动了，当论坛那时成为新鲜媒体的论坛出现时就有企业在论坛里发布企业产品的一些信息了，其实这也是论坛营销的一种简单的方法。在这里结合网络策划的实践经验简要地说一下什么是论坛营销，论坛营销"就是企业利用论坛这种网络交流的平台，通过文字、图片、视频等方式发布企业的产品、和服务的信息，从而让目标客户更加深刻了解企业的产品和服务。最终达到企业宣传企业的品牌、加深市场认知度的网络营销活动，这就是论坛营销。"

十一、网络图片营销

什么是网络图片营销呢？网络图片营销其实现在已经成为人们常用的网络营销方式之一，我们时常会在 QQ 上接收到朋友发过来的有创意图片，在各大论坛上看到以图片为主线索的贴子，这些图片中多少也参有了一些广告信息，例如，图片右下角带有网址等。这其实就是图片营销的一种方式，目前，国内的图片营销方式，千花百样，你如果很有创意，你也可以很好的掌握图片营销。供求信息平台，在线黄页服务，网上拍卖，网站资源合作，网上商店营销等都是。

十二、微信营销

微信营销是网络经济时代企业或个人营销模式的一种。是伴随着微信的火热而兴起的一种网络营销方式。微信不存在距离的限制，用户注册微信后，可与周围同样注册的"朋友"形成一种联系，用户订阅自己所需的信息，商家通过提供用户需要的信息，推广自己的产品，从而实现点对点的营销。

微信营销主要体现在以安卓系统、苹果系统的手机或者平板电脑中的移动客户端进行的区域定位营销，商家通过微信公众平台，结合转介率微信会员管理系统展示商家微官网、微会员、微推送、微支付、微活动，已经形成了一种主流的线上线下微信互动营销方式。

十三、微博营销

微博营销是指通过微博平台为商家、个人等创造价值而执行的一种营销方式，也是指商家或个人通过微博平台发现并满足用户的各类需求的商业行为方式。微博营销以微博作为营销平台，每一个听众（粉丝）都是潜在的营销对象，企业利用更

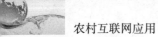

新自己的微型博客向网友传播企业信息、产品信息，树立良好的企业形象和产品形象。每天更新内容就可以跟大家交流互动，或者发布大家感兴趣的话题，这样来达到营销的目的，这样的方式就是互联网新推出的微博营销。

第六章　互联网的信息安全

第一节　信息网络的安全问题

一、信息网络的安全威胁和风险类型

信息网络安全是一个复杂的系统问题，在开展信息网络的过程中会涉及可靠性、真实性、机密性、完整性和不可抵赖性这几个要素，通过对信息网络开展过程中遇到的问题的归纳，可把信息网络的安全威胁和风险类型总结为电子商务系统基础安全威胁、网络安全威胁和交易风险三方面。

（一）电子商务系统基础安全威胁

电子商务的核心是通过网络技术来传递商业信息并展开交易，所以，解决电子商务系统的硬件安全、软件安全和系统运行安全等实体安全问题成为实现电子商务安全的基础。电子商务系统的硬件和软件安全是产生威胁的主要方面，电子商务系统运行安全是指保护系统能连续正常地运行，在这里主要讲述前两个。

电子商务系统硬件（物理）安全是指保护计算机系统硬件的安全，包括计算机的电器特性、防电防磁以及计算机网络设备的安全，受到物理保护而免于破坏、丢失等，保证其自身的可靠性和为系统提供基本安全机制。计算机硬件是指计算机所用的芯片、板卡及输入输出等设备，CPU、内存条、南桥、北桥、BIOS 等都属于芯片。硬件也包括显卡、网卡、声卡、控制

卡等属于板卡。键盘、显示器、打印机、扫描仪等，属于输入输出设备。这些芯片和硬件设备也会对系统安全构成威胁。

电子商务系统软件安全是指保护软件和数据不被篡改、破坏和非法复制，系统软件安全的目标是使计算机软件系统逻辑上安全，主要是使系统中信息的存取、处理和传输满足系统安全策略的要求。根据计算机软件系统的组成，软件安全可分为操作系统安全、数据库安全、网络软件安全、通信软件安全和应用软件安全。计算机软件面临的主要威胁有非法复制、软件跟踪和软件本身的质量问题。计算机软件在开发出来以后，总有人利用各种程序调试分析工具对程序进行跟踪和逐条运行、窃取软件源码、取消防拷贝和加密功能，从而实现对软件的动态破译。由于种种原因，软件开发商所提的软件不可避免地存在这样或那样的缺陷，通常把软件中存在的这些缺陷称之为漏洞，这些漏洞严重威胁了软件系统的安全。在发现软件的安全漏洞以后，软件公司采取的办法多数是发布"补丁"程序，以修正软件中所出现的问题。虽然补丁的数量越来越多，安全性却没有很大的提高。

（二）网络安全威胁

随着信息化社会的发展，信息在社会中的地位和作用越来越重要。Internet 为人类交换信息，促进科学、技术、文化、教育、生产的发展，提高现代人的生活质量提供了极大的便利，但同时对国家、单位和个人的信息安全带来极大的威胁。一些不法分子会采用各种攻击手段进行破坏活动，他们对网络系统的主要威胁有系统穿透、违反授权原则、植入、通信监视、拒绝服务五方面。

1. 系统穿透

未经授权而不能接入系统的人通过一定手段对认证性（Authenticity，真实性）进行攻击，假冒合法人接入系统，实现对文件进行篡改、窃取机密信息、非法使用资源等。一般采取伪装或利用系统的薄弱环节（如绕过检测控制）、收集情报（如口令）等方式实现。

2. 违反授权原则

一个授权进入系统做某件事的合法用户，他在系统中做未经授权的其他事情，威胁系统的安全。

3. 植入

一般在系统穿透或违反授权攻击成功之后，入侵者为了为以后的攻击提供方便，常常在系统中植入一种能力，如向系统中注入病毒、后门、逻辑炸弹、特洛伊木马等来破坏系统工作。特洛伊木马是一种在完成正常工作的背后隐藏的为入侵者特定目的服务的程序，如一种表面上工作正常的邮件发送工具能将所有发往某地址的信件复制并发送到攻击者指定的信箱。

4. 通信监视

这是在通信过程中从信道进行搭线窃听（Interception）的方式。软硬件皆可以实现，硬件通过无线电和电磁泄漏等来截获信息，软件则是利用信息在 Internet 上传输的特点对流过本机的信息流进行截获和分析。

5. 拒绝服务

指的是系统由于被破坏者攻击而拒绝给合法的用户提供正常的服务。例如，在 Win NT 的早先版本的服务器中就有 bug，破坏者可以利用它将大量垃圾信息发往某个特定的端口，使服务器因为处理这些请求而占用大量资源，从而不能处理合法用户的正常请求。

（三）交易风险

由于互联网早期构建时并未考虑到以后的商业应用，只是为了便于军队及教学科研人员从事研究工作，利用网络实现异地研究机构的计算资源共享和科研数据的交换。使用的 TCP/IP 协议及源码开放与共享策略，为后来的商业应用带来了一系列的安全隐患。因此，互联网用于商业领域以后，有其先天不足，尤其是从事安全性很高的电子商务活动，其隐患可想而知。在网上交易过程中，买卖双方是通过网络来联系，因而建立交易双方的安全和信任关系相当困难。

卖方（销售者）面临的风险主要有：中央系统安全性被破坏、竞争者检索商品递送状况、客户资料被竞争者获悉、被他人假冒而损害公司的信誉、虚假订单、买方提交订单后不付款、获取他人机密数据等。

买方（消费者）面临的风险主要有被他人假冒、付款后不能收到商品、信息被泄露、拒绝服务等。

二、信息网络的安全管理要求与思路

（一）加强计算机病毒的防范

防范计算机病毒要从日常的工作做起。首先要正确的安装和使用杀毒软件。安装使用正版的杀毒软件，并及时升级和得到相应的技术支持。其次是安装并正确配置防火墙，它可以有效地防范木马类病毒，阻止黑客在计算机上投放病毒或者设置后门。通过修改系统配置、增强系统安全性来提高系统的抵抗能力。卸载、删除系统不必要的系统功能和服务，修改系统安全配置，提高系统安全性，如关闭自动播放功能，取消不必要的默认共享等。系统的漏洞必须要及时修补，时常关注安全机构和厂商发布的重大安全事件。为了预防万一，用户还要学会系统的备份与恢复。

（二）加强网络交易安全管理

1. 完善管理制度

以市场准入问题为例。在现行法律体制下，任何长期固定从事营利性事业的主体都必须进行工商登记。在电子商务环境下，任何人不经登记就可以借助计算机网络发出或接收网络信息，并通过一定程序与其他人达成交易。虚拟主体的存在使网上交易安全性受到严重威胁。网上交易安全首先要解决的问题就是确保网上交易主体的真实存在，且确定哪些主体可以进入虚拟市场从事在线业务。这方面的工作需要依赖工商管理部门的网上商事主体公示制度和认证中心的认证制度加以解决。

2. 严厉打击网上欺诈行为

网上欺诈犯罪骗子们利用人们的善良天性，在电子交易活动中频繁欺诈用户，利用电子商务欺诈已经成为一种新型的犯罪活动。打击网络欺诈行为对保证电子商务正常发展具有重要意义。不严厉打击这类犯罪活动，电子商务就不可能顺利发展。

3. 加强技术支持

电子合同问题在传统商业模式下，除即时结清或数额小的交易无须记录外，一般都要签订书面合同，以免在对方失信不履约时以作为证据，追究对方的责任。而在在线交易情形下，所有当事人的意思表示均以电子化的形式存储于计算机硬盘或其他电子介质中。这些记录方式不仅容易被涂擦、删改、复制、遗失，而且不能脱离其记录工具（计算机）而作为证据独立存在。电子商务法规需要解决由于电子合同与传统合同的差别而引起的诸多问题，突出表现在书面形式、签字有效性、合同收讫、合同成立地点、合同证据等方面。

（三）培养电子商务安全人才

如果从业人员的网络安全意识不强，就必然影响电子商务与信息网络活动的健康发展。电子商务与信息网络是在公开的网上进行的，开展信息网络过程中涉及支付信息、订货信息、合同信息。随着经济信息化进程速度的加快，网上黑客的破坏活动也随之猖獗起来，从业人员缺乏安全意识，显然会给不法分子可乘之机，如此不仅自身信息安全得不到保障，就连客户对信息隐蔽性的要求也不能给予满足，这必然会给企业带来巨大的经济损失。

要做好良好的前期培训，给协议设计或管理协议人员打下坚实的专业技术基础，同时，持续不断的后期培训可以给技术人才不断"充电"、掌握最新技术。重视网络安全人才的培养，加大对这一领域的投资力度，无疑对我国电子商务未来的健康发展起到十分积极的作用。

第二节　信息网络的防范措施

一、安全管理制度

（一）提高网络安全防范意识

现在许多企业没有意识到互联网的易受攻击性，盲目相信国外的加密软件，对于系统的访问权限和密钥缺乏有力度的管理。这样的系统一旦受到攻击将十分脆弱，其中的机密数据得不到应有的保护。据调查，目前国内 90% 的网站存在安全问题，其主要原因是企业管理者缺少或没有安全意识。某些企业网络管理员甚至认为公司规模较小，不会成为黑客的攻击目标，如此态度，网络安全更是无从谈起。定期由公司或安全管理小组承办信息安全讲座，提高网络安全防范意识，才能有效地减少网络安全事故的发生。

（二）制定信息安全策略

电子商务交易过程中，需要明确的安全策略主要包括客户认证策略、加密策略、日常维护策略、防病毒策略等安全技术方案的选择。安全执行机构应根据信息网络的实际情况制定相应的信息安全策略，策略中应明确安全的定义、目标、范围和管理责任，并制定安全策略的实施细则。在发生重大的安全事故、发现新的脆弱性、组织体系或技术上发生变更时，应重新进行安全策略的审查和评估。

（三）完善网络系统的日常维护制度

企业网络系统的日常维护就是针对内部网的日常管理和维护，是一件非常繁重的工作。对网络系统的日常维护可以从几个方面进行：一是对于可管设备，通过安装网管软件进行系统故障诊断、显示及通告，网络流量与状态的监控、统计与分析，以及网络性能调优、负载平衡等；二是对于不可管设备应通过手工操作来检查状态，做到定期检查与随机抽查相结合，以便及时准确地掌握网络的运行状况，一旦有故障发生能及时处理；三是定期进行数据备份，数据备份与恢复主要是利用多种介质，如磁介质、纸介质、光碟、微缩载体等，对信息系统数据进行存储、备份和恢复。这种保护措施还包括对系统设备的备份。

（四）人员安全的管理和培训

参与网上交易的经营管理人员在很大程度上支配着企业的命运，他们承担着防范网络犯罪的任务。而计算机网络犯罪同一般犯罪不同的是，他们具有智能性、隐蔽性、连续性、高效性的特点，因而，加强对有关人员的管理变得十分重要。落实工作责任制，在岗位职责中明确本岗位执行安全政策的常规职责和本岗位保护特定资产、执行特定安全过程或活动的特别职责，对违反网上交易安全规定的人员要进行及时处理。贯彻网上交易安全运作基本原则，包括职责分离、双人负责、任期有限、最小权限、个人可信赖性等。

（五）完善保密制度

网上交易涉及企业的市场、生产、财务、供应等多方面的机密，必须实行严格的保密制度。保密制度需要很好地划分信息的安全级别，确定安全防范重点，并提出相应的保密措施。

（六）完善跟踪、审计、稽核制度

跟踪制度要求企业建立网络交易系统日志机制，用来记录系统运行的全过程。系统日志文件是自动生成的，其内容包括操作日期、操作方式、登录次数、运行时间、交易内容等。它对系统的运行进行监督、维护分析、故障恢复，这对于防止案件的发生或在案件发生后，为侦破工作提供监督数据，起着非常重要的作用。

审计制度包括经常对系统日志的检查、审核，及时发现对系统故意入侵行为的记录和对系统安全功能违反的记录，监控和捕捉各种安全事件，保存、维护和管理系统日志。

稽核制度是指工商管理、银行、税务人员利用计算机及网络系统，借助于稽核业务应用软件调阅、查询、审核、判断辖区内各电子商务参与单位业务经营活动的合理性、安全性，堵塞漏洞，保证网上交易安全，发出相应的警示或做出处理处罚的有关决定的一系列步骤及措施。

二、法律制度

电子商务法是指调整电子商务活动中所产生的社会关系的法律规范的总称，是一个新兴的综合法律领域。国际电子商务相关法规包括《电子资金传输示范法》《电子商务示范法》《电子商务示范法实施指南》以及《统一电子签名规则》等。

（一）电子商务立法的现状

联合国国际贸易法委员会提出的《电子商务示范法》蓝本，为各国的电子商务立法提供了一个范本。1996 年 12 月联合国大会决议通过了《电子商务示范法》。它是迄今为止第一个关于电子商务的世界性法律，使电子商务中的许多主要法律问题得以解决。

我国已经颁布（或修正）了诸多有关电子商务和互联网的法律、法规和规章，如《计算机软件保护条例》《计算机信息系统安全保护条例》《计算机信息网络国际联网管理暂行规定》《中国互联网络域名注册暂行管理办法》《中华人民共和国专利法》《中华人民共和国著作权法》《中华人民共和国商标法》

等。此外，在《中华人民共和国合同法》《中华人民共和国刑法》中，均增加了有关电子商务和互联网的相关条款。

(二)　完善我国电子商务的相关法律

面对电子商务这种新型的贸易形式，我国目前尚无专门法规可依，使得部分违法犯罪人员没有得到应有的惩罚。在全国性的立法文件中，《中华人民共和国合同法》的部分条款可以看做是针对电子商务的立法。为了实现安全电子商务，还要加强立法研究：立足本国，并与国际惯例接轨；跟踪电子商务的最新发展，边制定边完善；依赖"功能等同"方法，对原来阻碍电子商务发展的法律法规进行全面修订；增强法律意识，促进电子商务立法，注意立法的可操作性，加强执法力度。

三、防范非法入侵的技术措施

1. 采用数字签名技术

"数字签名"是通过密码技术实现电子交易安全的形象说法，是电子签名的主要实现形式。它力图解决电子商务交易面临的几个根本问题：数据保密、数据不被篡改、交易方能互相验证身份、交易发起方对自己的数据不能否认。"数字签名"是目前电子商务、电子政务中应用最普遍、技术最成熟、可操作性最强的一种电子签名方法。它采用了规范化的程序和科学化的方法，用于鉴定签名人的身份以及对一项电子数据内容的认可。它还能验证出文件的原文在传输过程中有无变动，确保传输电子文件的完整性、真实性和不可抵赖性。

2. 采用防火墙技术

防火墙是近期发展起来的一种保护计算机网络安全的技术性措施。在网络边界通过建立起来的相应网络通信监控系统来隔离内部和外部网络，以阻挡外部网络的侵入。

3. 入侵检测系统

入侵检测系统能够监视和跟踪系统、事件、安全记录和系统日志，以及网络中的数据包，识别出任何不希望有的活动，在入侵者对系统发生危害前，检测到入侵攻击，并利用报警与防护系统进行报警、阻断等响应。

4. 采用信息加密技术

信息加密的目的是保护网内的数据、文件、口令和控制信息，保护网上传输的数据。网络加密常用的方法有链路加密、端点加密和节点加密 3 种。链路加密的目的是保护网络节点之间的链路信息安全；端点加密的目的是对源端用户到目的端用户的数据提供保护；节点加密的目的是对源节点到目的节点之间的传输链路提供保护。用户可根据网络情况酌情选择上述加密方式。

5. 防病毒系统

病毒在网络中存储、传播、感染的途径多、速度快、方式各异，对网站的危害较大。因此，应利用全方位防病毒产品，实施"层层设防、集中控制、以防为主、防杀结合"的防病毒策略，构建全面的防病毒体系。

四、防范网络诈骗

淘宝卖家必看：新手卖家如何识别防骗？

接下来，结合以往小伙伴们的被骗经历说说如何识别被骗：

新手卖家如何识别防骗，不管你是买家还是卖家。不管你是虚拟还是实物，都不要轻易打开别人给你的链接！

（一）只拍货不付款，然后威胁行骗

目标人群：新手卖家主要是充值行业。骗子利用新手卖家对淘宝网的交易流程等不懂，实施诈骗。

骗术揭秘：在新手卖家店铺一次或多次拍下上百元，或者

上千元的 Q 币或者手机充值卡并不付款。并一次次发消息或者打电话催卖家发货，卖家不发货并以投诉差评威胁新手卖家。

破解骗术：在已卖出宝贝查看卖家是否付款，如订单显示卖家已付款有蓝色发货按钮，则买家已付款可以发货。如是显示等待买家付款，却催你发货的肯定是骗子，不要发货，直接告诉他系统自动充值只有付款后系统会自动发货。骗子自然知难而退。

（二）发其他自动发货店链接，让您帮他购买

目标人群：新手，粗心卖家。买家拍下很多的充值卡之后和你聊天，骗取你的信任，你刚好没有 2 000 元的充值卡，买家就给你发来一个自动发货的店铺的链接，让你买过来再卖给他。非说自己已经给你付款，结果你是新手不懂就买了 2 000 元的充值卡。在以为买家付款的情况下发了过去。

骗术揭秘与破招：买家如果给你其他店铺的链接让你帮他购买，100% 是骗子。这样的骗子很好解决。保留聊天记录防止被投诉时候使用，这类骗子一般都是只拍货不付款的，您直接告诉骗子让他自己在他提供的店铺购买。您不提供非本店商品的出售。他说什么都不要帮他买，如果您愿意上当除外哦！

（三）发钓鱼网站链接来骗取账号与密码

目标人群：新手以及部分粗心卖家。

骗术揭秘：骗子买家一般是未认证的小号。发过来一个链接，会问：老板我要买×××请问有没有货，并附上一个链接。

骗术破招：以前有朋友说旺旺上的链接前边有个绿色盾牌就是安全的，现在我要告诉你绿色的也不安全了，当前发现骗子出新招。利用阿里巴巴发布消息之后，再利用淘宝网链接转接到钓鱼网站。只要是链接，请不要打开连接。打开之后要登录的就是钓鱼网站。

（四）假淘宝在线客服

目标人群：新手卖家。

骗术揭秘：拍货之后不付款要求卖家发货，新手卖家不发货，并以投诉差评威胁，过一会会有个"淘宝在线客服"之类的旺旺联系你，告诉你收到买家投诉要求你给买家发货。

骗术破招：淘宝网不会有这样的联系客服，也不会催卖家发货的。只要是催你发货的所谓淘宝客服就是假的。

（五）超低价格销售商品

目标人群：贪图小便宜者。

骗术揭秘：骗子会给你一个链接和超低的销售价格，比如QB0.5元一类的。并喊着每天只销售多少个超多就不再卖了。又骗你快速购买。这样的也属于钓鱼网。你打开连接之后需要登录淘宝。这其实不是真正的淘宝网是骗子的假网站。等你登陆后网站会以种种原因说要修该支付密码之类的。这样一步步获取你的所有密码。

骗术破解：不要贪图小便宜安全第一。只要你不贪图小便宜，受骗的几率会大大降低。

（六）类似号码拍货重复要求发货

目标人群：所有淘宝卖家。

骗术揭秘：骗子使用2个很相似的淘宝账号行骗，用账号A和你聊天说要买货，之后使用账号B去拍货付款。粗心买家会认为这是同一个人便给A号发货。骗子拿到所需要的东西后，再用账号B联系卖家再次索要东西。这样卖家就被骗走一份东西。

骗术破招：在发货之前，在拍货记录上点击拍货旺旺联系买家发货。或者确认拍货旺旺是否和联系旺旺相同。一般情况下数字"0"和字母"O"不好分辨。请一定注意。

（七）汇款骗局

骗术揭秘：骗子想办法获取卖家信任，最后以支付宝不能使用等为由，说要汇款。然后说是先支付一半的费用。等你发货之后骗子从此消失。

骗术破招：不能支付宝担保的。不要出现预付一半的情况。也不能太相信有的买家。

（八）PS 付款截图法

骗术揭秘：骗子在拍下货物之后，并不付款。并且一味的催你发货，并提供付款的截图给你。部分新手卖家容易中招。

骗术破招：不论买家怎么给你提供付款证据，你都要自己进入已卖出宝贝中查看订单状态，确认订单为买家已付款。并有蓝色发货按钮，才能发货

（九）支付宝邮箱发信行骗

目标卖家：新手虚拟充值类。

骗术揭秘：此招数依然是拍货之后不付款，然后告诉你让你在支付宝绑定的邮箱查看邮件。骗子会利用诸如 163、126 等免费邮箱发送假冒的淘宝系统邮件。

骗术破招：淘宝在交易中从不会给卖家发邮件，大家也可以通过邮箱来分辨。用类似 163、126 等邮箱发送的都是骗子。

（十）发两个易混淆的充值号码来行骗

骗术揭秘：骗子会用自己的账号拍下充值的东西，填写好充值的号码，等他拍完他会给卖家发一个要充值的号码。如果你给他发的号码充值的话，就上当了，他会说你是自动充值的，自己填写好了号码的！然后怪你充值错误。要求退款，很多新手卖家自认倒霉退款，或者帮骗子再充值一次。

骗术破招：任何人买东西只能和他拍货的旺旺联系不是拍货旺旺发的任何消息都不予理睬。即使他告诉你自己是谁。

（十一）第三方诈骗

目标人群：各类充值软件加款。

骗术揭秘：卖家 A 发布自己的价款链接，骗子 B 联系好买家 C，告诉卖家 A 的店是自己的大号，自己在联系 A 并告诉 A

自己要加款，同时将加款链接给 C，C 拍下链接之后 B 立马联系 A 给自己的账号加款。从而获取充值软件加款，实现骗钱目的。

骗术破招：在购买任何商品时，一定要和店主旺旺联系。哪怕说是自己的大号或者小号，也必须和店主旺旺联系。要求用其他旺旺联系的 100% 是骗子。

（十二）最新淘宝漏洞骗术：超低价格电话费

目标人群：贪小便宜者。

淘宝更新后出现新的跳转漏洞，就算是店铺的宝贝连接，点击也会跳转到钓鱼网，造成买家资金被盗等方式获取买家钱财，骗子往往以公司店铺活动等为由声称有 5 折电话费，或者 1 元充值 50 元话费。骗子就是利用了现在人贪小便宜的心里屡屡得逞。

防骗招术：请勿相信价格不正常的商品，永远记得天上不会掉馅饼。电话费的利润一般最多在 1.4~1.6 个百分点！不会有这么便宜的话费。只要不贪心认真想想就不会被骗。

（十三）充值软件加款骗术：购买前不申明要加款的软件类型

目前充值软件种类比较多，给骗子的行骗提供了方便。骗子在购买一些卖家的加款是不申明要加款的软件名称，等卖家转账成功后，告知卖家自己以为卖家销售的是另一种软件的加款，声称卖家弄错了，没有加款到账。要求退款。实现骗取预存的目的。对于此种状况，买家很多时候会退款成功。

骗术破招：发布商品时一定要表明是那种充值软件的预存款，准确的表明商品的名称，在买家拍货前询问买家需要购买的是不是您在销售的商品。可以有效地防止被骗。

（十四）骗术假客服电话骗取支付宝验证码

骗术解密：目前骗子的骗术很多，有不法分子制作的软件，可以设置显示的号码，也就是说你看到的号码是淘宝公司的但是真正拨打的号码被隐藏了。这位朋友遇到就是骗子拨打电话冒充淘宝工作人员，向这位朋友索要各种密码后使用账户余额购买了很多的东西，消费了 8 000 多元。

如果说某天你接到一个电话，对方自称是淘宝公司的，请您不要轻易相信。淘宝客服不会和你要任何的验证码、登录密码等信息。如果对方向你索要账号信息，或者要求提供手机收到的验证码 100% 是骗子了。如果说您不能确认是不是骗子，又担心真的账号有问题。您可以挂断电话。自行拨打淘宝公司的电话。与淘宝联系核实情况。淘宝的电话是需要收费，但是您要是账号被盗就不是这点小钱了。

（十五）店铺租赁骗子

这个是很久就有的骗术了，我在这提一下，骗子会话高价租你的店，说做商品推广之类的。第一次给您付款很爽快。等他拿到你有信誉度的店铺之后他就发布违反淘宝规则的商品，或者是骗人的连接，利用你的店铺来欺骗一些新手朋友，所以遇到这样的还是多考虑一下，为自己的店铺安全着想。慎重选择。

第三节 互联网安全工具

一、360 安全卫士

（一）360 手机安全卫士

360 手机安全卫士可以在 Symbian、Android、iOS、WP8 操作系统上运行，是全球第一款提供人性化手机体检功能的安全软件。它的手机体检报告可以让用户清晰了解手机的健康状况，并引导用户通过磁盘整理、开机自启程序管理、软件管理、垃圾清理等一系列优化工具，达到提升手机运行速度、节约电耗功效的目的。更有独一无二的手机急救包，及时解决手机出现的耗电猛增、自动狂发短信等紧急状况，全面保障手机安全

（图 6-1）。

图 6-1　360 手机安全卫士

功能介绍：

杀毒。快速扫描手机中已安装的软件，发现病毒木马和恶意软件，一键操作，彻底查杀。联网云查杀确认可疑软件，获得最佳保护。

体检。随时为你检查健康状况，一键快速清理。

备份。备份通讯录、短信、隐私记录。手机卫士设置到 360云安全中心，随时恢复，方便转移数据到其他手机，手机被盗也不怕，从此拥有一个无限量的云存储空间。

防盗。更换 SIM 卡，自动下发短信通知至指定手机号码。

流量。统计 GPRS、3G 和 WiFi 各种流量数据，清晰展现，累积显示当月使用量。让你完全掌控流量使用情况，防止超额使用之后产生高昂的费用。

拦截。将垃圾短信和骚扰电话添加到黑名单，帮助你拦截各类骚扰；垃圾信息和骚扰通话记录提供图标提醒，避免打扰你；灵活的设置拦截规则，可以自己量身定制防骚扰方案。

软件管理。卫士推荐，推荐安全的软件产品。软件升级，为已安装软件提供检测更新，一键升级。软件卸载，对已安装软件进行卸载。安装包管理，扫描、管理手机中的安装包，并提供一键安装功能。软件搬家，根据手机权限，将软件移动到SD 卡，节省手机内存。

（二）电脑360安全卫士

首先在百度搜索引擎中搜索"360官网"。进入到官网（图6-2），就可以看到下载的指示，360安全卫士下载网页，点击"下载"，将安装文件inst. exe下载到电脑上，双击inst. exe按提示进行安装。安装成功后会在桌面上自动显示360安全卫士图标，双击图标打开软件，可选择"电脑体检""木马查杀"等功能来保障计算机高效安全运行。

图6-2　360官网

二、手机安全卫士腾讯管家

（一）手机安全卫士腾讯管家

手机安全卫士腾讯管家可以在Android、IOS操作系统运行。腾讯手机管家是一款完全免费的手机安全与管理软件，以成为"手机安全管理软件先锋"为使命，在提供病毒查杀、骚扰拦截、软件权限管理、手机防盗等安全防护的基础上，主动满足用户流量监控、空间清理、体检加速、软件管理等高端化智能

化的手机管理需求，更有"管家安全登录QQ""秘拍""小火箭释放内存"等特色功能，让你的手机安全无忧。腾讯手机管家不仅是安全专家，更是你的贴心管家（图6-3）。

（安卓）　（苹果）

图6-3　手机安全卫士腾讯管家

（二）电脑安全卫士腾讯管家

腾讯电脑管家（Tencent PC Manager/原名QQ电脑管家）是腾讯公司推出的免费安全软件。拥有云查杀木马，系统加速，漏洞修复，实时防护，网速保护，电脑诊所，健康小助手，桌面整理，文档保护等功能。

在针对网络钓鱼欺诈及盗号打击方面和安全防护及病毒查杀方面的能力已达到国际一流杀软水平（图6-4）。

图6-4　腾讯管家

主要参考文献

高泽涵，惠钢行，卢伟，等. 2018. "互联网+"基础与应用 [M]. 西安：西安电子科技大学出版社.

郭旭. 2018. 互联网应用技术 [M].（第二版）大连：东北财经大学出版社.

叶琼伟，孙细明，罗裕梅，等. 2017. 互联网+电子商务创新与案例研究 [M]. 北京：化学工业出版社.

张娜. 2017. "互联网+农业"应用案例分析 [M]. 北京：中国林业出版社.